虚拟现实内容
生成与传输

刘秋明　著

北　京

冶　金　工　业　出　版　社

2025

内 容 提 要

本书共分 7 章，主要内容包括绪论，相关技术基本原理，面向无人机采样的大规模场景光场采样与重建，环境影响下大场景光场采样与重建，面向 VR 视频流的高效传输优化与缓存算法研究，脑电情感识别算法及其在虚拟现实场景评价研究，基于 NeRF 技术的特殊场景三维重建。

本书可供网络虚拟现实、计算成像、信息学等专业的师生阅读，也可供从事图像安全及相关领域的工程技术人员参考。

图书在版编目（CIP）数据

虚拟现实内容生成与传输／刘秋明著. -- 北京：
冶金工业出版社，2025. 3. -- ISBN 978-7-5240-0092-1

Ⅰ. TP391. 98

中国国家版本馆 CIP 数据核字第 2025PR6410 号

虚拟现实内容生成与传输

出版发行	冶金工业出版社	**电 话**	（010）64027926
地 址	北京市东城区嵩祝院北巷 39 号	**邮 编**	100009
网 址	www. mip1953. com	**电子信箱**	service@ mip1953. com

责任编辑　郭冬艳　美术编辑　吕欣童　版式设计　郑小利
责任校对　石　静　责任印制　范天娇
北京建宏印刷有限公司印刷
2025 年 3 月第 1 版，2025 年 3 月第 1 次印刷
710mm×1000mm　1/16；11. 25 印张；215 千字；167 页
定价 78. 00 元

投稿电话　（010）64027932　投稿信箱　tougao@ cnmip. com. cn
营销中心电话　（010）64044283
冶金工业出版社天猫旗舰店　yjgycbs. tmall. com
（本书如有印装质量问题，本社营销中心负责退换）

前　言

　　虚拟现实技术（英文名称：Virtual Reality，缩写为VR）是一种可以创建和体验虚拟世界的计算机仿真系统，又称灵境技术或虚拟实境，是20世纪发展起来的一项全新的实用技术。随着计算机图形学、人机交互、传感器技术及显示技术的飞速发展，VR技术逐步从科幻概念走向现实应用。VR通过模拟三维环境，使用户能够沉浸其中，与虚拟世界进行自然交互，从而带来前所未有的感官体验。

　　VR技术的意义不仅在于其娱乐性，更在于其广泛的应用前景。在教育领域，VR能够为学生提供沉浸式学习体验，使抽象知识具象化，提高学习效率。在医疗领域，VR可用于手术模拟、康复训练及心理治疗，为患者带来更为安全、有效的治疗方式。此外，VR还在军事、设计、医疗康复等多个行业展现出巨大的应用潜力，成为推动社会进步的重要力量。

　　本书共7章，主要内容包括：

　　第1章主要介绍了VR相关背景及关键技术。鉴于5G网络技术的飞速演进以及公众对实时、高效信息获取的迫切需求，本章阐述了VR、三维建模及计算机图形学等技术背景。

　　第2章介绍了相关技术基本原理，重点介绍了新视点合成技术（包括光场参数化、重构滤波器设计、多层感知机、卷积神经网络、注意力机制和子像素卷积上采样等）、移动边缘计算技术、视场角预测等内容。通过脑电对VR内容评价，包括脑电信号的激发及特点、脑电信号数据采集和情感模型理论等内容。这几部分内容为VR视觉效果提升、视频流高速传输、体验脑电信号反馈效果提供了有力的技术支撑。

第3章以大规模场景虚拟重建为研究对象，通过时光场采样与新视点合成技术的研究，提出一种基于无人机空中光场的采样与重构方法。获取空中光场的频谱结构，确定采样信号的带宽。根据带宽计算得到空中光场的最小采样率，并设计抗混叠重构滤波器，实现高效获取大规模场景视点信息的同时完成对新视点的高质量绘制。

第4章考虑环境对大规模场景光场采样与重建的影响，主要研究遮挡和阴影对场景采样带来的影响，分别构建了包含遮挡量化的空中遮挡模型和具有阴影的场景模型。通过傅里叶理论分析光场采样信号频谱结构，推导遮挡环境和阴影环境的频谱带宽和最小采样率。随后，设计了两种合适的自适应滤波器和抗混叠重构滤波器，旨在捕获更多视点信息并实现高质量的新视点绘制。

第5章面向VR视频流，以最大化用户体验质量为目标建立优化问题，研究了一种面向端边云系统高效的传输与缓存算法，算法联合优化了VR视频流的预测、缓存、计算和传输四个部分，提高用户访问视频内容的命中率，提升用户体验质量，并通过理论证明所提出算法是渐进最优。

第6章研究脑电情感识别算法及其在虚拟现实场景评价，设计了一种高效的脑电信号数据预处理和特征提取方法，提出了一种与该数据预处理和特征提取方法相匹配的多元任务联合神经网络的脑电信号识别算法。根据Valence-Arousal情感理论模型，构建了虚拟现实场景评价系统，实现用户在沉浸式虚拟现实环境下的情感状态评价。

第7章研究了基于NeRF技术的大规模场景自由视点合成方法。该方法将场景解构为连续且密度可变的五维场景，场景中每个点在不同位置和方向上具有独特的颜色和密度属性，有效捕捉了复杂场景的细节和光照变化。在视点合成中，本书结合场景属性（如相位信息等）和光线追踪算法，计算出合成视图的像素值。通过优化神经网络参数，模型能够学习到与真实场景高度吻合的辐射场表示，进而生成更逼真的新视角场景。

特别感谢张娟、严可、陈浩、李瑞钦、徐伟、胡鑫源、郭星星、袁鹏、廖可心、程智康、谢炫彪等给予的支持。

本书内容涉及的有关研究得到了江西省自然科学基金面上项目：面向大场景真实感绘制的无人机航拍采样方法研究（项目编号No. 20242BAB25073）和江西省第五批VR产业创新创业优秀人才团队项目的资助，在此表示感谢。

由于作者水平所限，书中不妥之处，敬请读者批评指正。

作　者
2024 年 10 月

目　　录

1 绪 论

VR 一词的来源可追溯到 20 世纪 30 年代。英国科幻小说《美丽新世界》想象了未来人们通过佩戴头戴式显示器（Head Mounted Display，HMD）获得身临其境的体验。美国科幻小说《皮格马利翁的眼睛》描述了一副戴上就可以进入广阔森林的神奇眼镜。从古至今，无论影像、游戏还是通信，人们逐步追求更加真实的视觉、听觉和嗅觉感官体验。随着 VR 技术和穿戴设备的发展，2016 年迎来了"VR 元年"，各大行业纷纷尝试将本领域产品结合 VR 技术。"VR+教育"更加直观具象的展现知识，例如数学几何体场景、历史场景、机械场景、医疗场景等，这有助于加深对理论知识的理解和提高学习积极性。"VR+文旅"把各地特色旅游资源数字化搬到线上，让文旅资源"活起来"，吸引有深度旅游需求的游客，增强游客体验，并满足人们"云旅游"的需求。"VR+娱乐"具有颠覆传统娱乐的视觉冲击力，尤其是 VR 游戏方面，其在场景视觉与沉浸式体验上的巨大提升，获得众多玩家青睐，具有广阔的市场空间。"VR+"模式不限于上述三个行业（图 1.1)[1]，VR 的未来将渗透到我们身边的方方面面。每一次正确的 VR 技术结合都是行业领域的一次革新。目前 VR 视频制作成本高、资源要求高，推广应用存在一定瓶颈，但其身临其境的体验赢得了用户的认可，并对其有极高的期待。

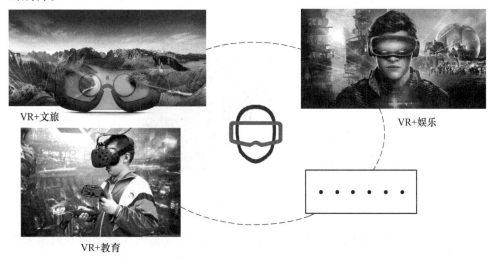

VR+文旅

VR+娱乐

VR+教育

图 1.1 VR+行业

随着 5G 网络高速发展和人们对于即时、高效信息获取需求的不断增长，VR 技术已成为科技前沿热点。其应用不再局限于娱乐与游戏行业，更是被广泛应用到军事、医疗、建筑设计、工业仿真等多个领域。在军事上，VR 技术能够模拟复杂的战场环境，为军事训练和决策提供支持；在医疗领域，医生可以利用 VR 技术进行远程手术指导和模拟操作，提高手术的安全性和成功率；在建筑设计中，设计师通过 VR 技术可以更加直观地展示和修改设计方案，提升设计的效率，方便与客户沟通。更重要的是，VR 技术极大地拓宽了认知范围，让人类能够以新奇的方式探索和感知世界。VR 技术不仅改变了工作方式，也深刻影响了生活方式，让生活变得更加便捷、高效。本书在 VR 技术方面的内容主要包括现实环境数据采样、三维场景精确表达、虚拟环境建模、视频流数据高效传输以及脑电信号情感评价等。

1.1　光场绘制技术

基于图像的渲染（Image Based Rendering，IBR）技术[2]利用二维的图像信息来表达和绘制三维场景，实现高度真实感的视点合成，保证视图绘制质量。与传统基于模型的绘制（Model Based Rendering，MBR）相比，IBR 技术的一大优势在于它通常不依赖于场景的深度信息和结构复杂度，可实现快速、真实感图像合成。图 1.2 为图像绘制技术的过程[3]，当确定采样方法后，从多视角拍摄一组图像，这些多视角图像不仅丰富了场景的视觉信息，也为后续的虚拟视点生成提供了基础。使用这组多视角图像，可以绘制出一定数量的虚拟视点，这些虚拟视点能够从不同视角表达场景，为用户提供更加丰富、立体的视觉体验。

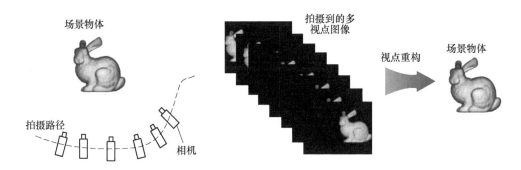

图 1.2　基于图像绘制技术过程

MIT 教授 Adelson 的研究表明，三维场景可以看成是由场景表面发射出来的一组光线的集合[4]。对于场景中的光线，可以用七维全光函数来参数化，通过围绕着场景在不同位置和方向进行拍摄得到一组多视点图像，采用有限多视点图像绘制得到新的虚拟视点。相比于传统方法，光场绘制技术具有成本更低，不依赖场景几何信息，提供场景表面颜色信息，并可以实现超分辨率重建，且不需要对图像特征匹配，同时处理时间短，而且渲染速度与模型复杂度无关等优势。

国内外学者对于提高光场绘制质量的研究已取得了一定的成果，光场绘制技术主要的研究方法及过程有以下几点：首先是频谱分析的方法，通过求解光场信号的傅里叶变换获得场景信号频谱，分析场景属性对频谱影响，比如朗伯表面场景频谱结构主要是由场景最大深度和最小深度确定。此外，场景频谱结构还受到物体表面光滑程度、表面曲率及遮挡等因素影响。根据频谱结构，可以确定相机之间间隔，即确定相机数量。其次是设计重构滤波器，通过设计合理的重构滤波器，可以降低重构所需光场信号数量，而滤波器设计的关键前提是需要准确地分析光场信号频谱结构。因此，光场采样和重构都与频谱分析密切相关。另外，场景不同因素变化，比如纹理信息、几何信息和深度信息，都会影响到滤波器的设计，从而影响到视点重构质量。在确定光场采样率时，当使用的几何信息在一定范围内增加，采样率就会降低，同时能够保证新视点无失真绘制。然而，使用太多几何信息，就需建立复杂的几何模型。因此，如何在采样过程中利用少量且合理的几何信息，从而适当降低采样率，成为了光场采样理论的一个研究方向。目前国内外主要是使用深度分层法，包括均匀分层和非均匀分层。最后优化相机布置，因为在拍摄场景时，相机不同位置和方向捕获的场景信息会发生明显变化。在给定一定数量相机情况下，通过优化相机布置，可以获得更丰富的场景几何信息，从而提高绘制质量。

上述的光场技术通过捕捉光的强度和方向信息，为数字成像领域带来了革命性的变革，极大地增强了图像的真实感和立体感。尽管这取得了诸多成就，但当前光场采样技术在处理大规模和复杂场景时仍有局限性，特别是在采集广阔区域或者具有复杂空间结构场景时，现有的光场采样设备往往难以捕捉到完整和高质量的光场数据，导致一定程度上限制了光场技术的应用范围和效果。而无人机技术的发展为图像采样提供了全新的视角和手段。通过搭载高分辨率相机的无人机，可以在不同高度、不同角度下对场景进行全方位的采样，从而获取更全面和详细的信息。

1.2 空中光场技术

无人机航拍采样技术能够对大规模场景进行多视点采样进而实现大规模场景的三维重建。该技术只需简易的操作和较低的时间成本就能完成以往人工短时间内难以完成的采样任务，因而在地形测绘与地质勘探、城市规划与管理、农业生产、电力巡检和环境监测等领域有重要的研究意义和应用价值。传统的大规模场景视点绘制需要大量的航拍图片作为重构基础,要进行密集点云生成,稀疏点云匹配,再到三角贴图[5]。整个重构流程需要的视点图像数量巨大,但重建效果不佳,其主要原因在于其依赖过采样来提高场景的绘制质量。因此,对大规模场景进行高质量绘制,由于其所独有的复杂属性,就必然需要高冗余度的视点数据集,这极大地制约了无人机航拍采样技术的应用和发展。通过对空中光场的频谱分析得到最小采样率[6],进而减少无人机采样数据,可以有效地弥补无人机采样造成视点图像冗余的缺陷。场景中的遮挡、朗伯反射、弱纹理等不利因素可以通过近些年光场特性的研究来解决[7]。另外,针对大规模场景的光场研究也可以得到进一步的丰富,提升光场的普适性,促进空中光场的发展。

空中光场绘制技术作为 IBR 技术之一,以其能够记录大规模场景中的复杂光线而备受瞩目。使用无人机航拍进行空中光场采样并重构可以获得高质量的新视点绘制效果,而如何保持在高效获取大规模场景信息的同时实现场景的高质量绘制,是面向空中光场的无人机航拍采样技术的一个重要研究问题。本著作的主要意义在于将无人机与光场采样结合,完善了无人机空中光场采样模型。针对无人机空中光场采样带来的新问题进行了相关研究,例如采样时无人机云台倾斜角、俯仰角对空中光场频谱的影响,无人机采样时相机覆盖范围对新视点绘制的影响,以及稀疏光场采样运用到无人机空中光场采样的难点等,为无人机更多元化的采样方法提供宝贵经验。同时,研究为无人机采样时巨大的内存消耗提供解决方案,为提高大规模场景的视点绘制质量提供了新方法。

进一步地发现,无人机在面对大规模场景表面的复杂特征时,采样工作面临着诸多挑战与问题,如无人机采样场景纹理细节缺乏,场景几何变化剧烈等,其中一个比较突出的就是遮挡问题。在复杂的三维场景中,场景物体之间常常出现互相遮挡的情况,导致部分区域的信息无法被完整采样。这种遮挡会导致场景表面纹理出现不连续和剧烈变化,使得一些重构算法在处理这些图像时出现困难。为了解决这一难题,需要构建一套全面而系统的采样理论体系,包括如何选择合适的采样路径、如何表达遮挡区域的信号等。

在虚拟现实相关产业迅速发展的时代背景下,充分结合无人机采样的特点,为无人机在遮挡环境下采样时巨大的内存消耗提供解决方案,也为过程过于单一冗余的三维重建技术提供了另一种思路,使得大规模三维场景重建的理论得到实践应用。此外,针对遮挡环境,建立了一套完整的采样理论,为遮挡环境下的航拍大场景重构获得更高质量。

另外,场景中因光线照射不足产生的阴影也会对重建所需的采样率造成影响。具体表现为阴影区域的光线强度变弱甚至归零,导致场景频谱能量的扩散和峰值能量降低,进而使图像高频纹理受损。同时,经过实验发现在阴影场景中直接使用现有的采样理论会导致重建效果不佳。为了解决这个问题,本书首次对阴影场景进行建模，并利用傅里叶变换分析其频谱特征，进而推导出适用于阴影场景的采样率。还设计了适用于阴影场景的重构滤波器，为阴影场景的采样方式和重建提供了新的思路。

最小采样理论为新视点合成技术带来了显著优势，然而，在研究过程中发现重构滤波器在处理复杂场景时，在图像合成中受到的制约作用尤为突出。当场景中存在大量纹理、边缘或色彩变化剧烈的区域时，重构滤波器往往难以准确捕捉这些细微差异，从而严重影响了重构的质量。此外，重构滤波器在处理实时或高帧率场景时还可能面临性能上的挑战。由于重构过程涉及大量计算与数据处理，若重构滤波器无法高效应对输入数据的处理需求，则可能导致重构过程出现延迟或帧率下降的问题。针对这些问题，还探索了基于深度学习的视点合成技术，以期从根本上提升合成图像的质量，克服重构滤波器在处理复杂场景时的局限性。

1.3　光场重建技术

传统的图像处理技术是针对二维图像信息进行计算，而光场重建技术能够获取更多的三维光线信息，以更丰富的场景信息实现新视点图像的生成。光场重建技术还可以与其他技术相结合，如深度学习等。光场重建技术本身在捕捉和重建光线信息方面已经展现出强大的能力，当它与深度学习等先进技术相结合时，将会产生更精细的重建结果。

深度学习在大数据处理、特征提取和模式识别等方面具有出色的能力，而在光场重建中，深度学习可以从海量的光场数据中提取出关键信息，优化重建算法，提高重建的精度和速度。例如，通过训练卷积神经网络（Convolution Neural Network，CNN）提取场景特征，以更准确地重建出场景中的光线信息。在此之前，人们都用人工提取的方式获取图像特征，在深度学习出现后，许多场景的特征提取交由 CNN 完成，CNN 在特征提取方面更具备通用性，且对大样本数据集的识别精度更高。

光场重建技术与深度学习、计算机视觉等技术融合所带来的优势已经吸引了大量研究者的关注，使得该领域得以迅猛发展。在光场重建方面，已有基于 EPI 切片重构[8]、四维卷积神经网络重构[9]和任意角度光场重建[10]等多种方法，然而，对于阴影光场的重建研究仍显不足。鉴于阴影对场景的重要影响，第 4 章将对此进行了深入剖析，第 4 章同时聚焦于高维残差卷积神经网络的深入研究与改进，以期提升新阴影光场合成的质量。通过优化网络结构和训练方法，期望模型能更精确地捕捉阴影场景的特征，从而生成更为逼真的虚拟视点图像。此外，还将探索如何引入更多视角和动态信息，以增强模型在处理复杂场景和动态图像时的能力。将对所提出的改进方法进行详尽的实验与分析，以确保其有效性和可行性得到充分验证。通过对光场重建技术的不断优化与创新，相信能够为相关领域的研究和应用提供更加精确、高效的解决方案。

光场重建技术的一个显著局限在于其拍摄图像的平面化特性，这意味着在图像重构和后期调整时，只能针对同一平面的焦点和景深进行操作，这无疑限制了相机在捕捉三维场景或处理多焦点需求时的应用。尽管目前基于深度学习的光场重建研究取得了不少进展，但大多数工作仍面临一个问题：它们所合成的新视点图像大多局限于同一平面，这与期望的三维重建中能够多角度、自由视点的目标有一定差距。为了突破这一局限，致力于探索一种全新的新视点合成方法，旨在摆脱相机位姿的束缚，实现真正意义上的自由视点图像合成。幸运的是，发现了一种基于深度学习和体渲染技术的自由视点图像合成方法，它被称为神经辐射场（Neural Radiance Fields，NeRF）。与传统的点云、网格和体素建模方法不同，NeRF 从物理学的角度重新审视了三维空间的本质，为三维空间建模带来了全新的视角。它不仅仅关注空间中物理量的分布，更是通过引入辐射场的概念，在思维上超越了传统的建模方式。这种新颖的思考方式不仅为理解和表达三维空间的结构和特性提供了全新的思路，更有望为光场重建技术带来革命性的突破。通过实验，证明了 NeRF 在自由视点合成上的优越性。有了高质量重建，VR 的视觉效果将得到显著改善，然而高质量视频图像带来的另一个挑战是数据的传输优化。

1.4　VR 视频特征

VR 视频是指多时间线的三维空间 360°×180° 的交互视频，用户装备头戴式显示器（Head Mounted Display，HMD）进入场景，获得沉浸式体验。因为 VR 视频具有极高分辨率（例如 16 K）[11]，所以请求 VR 视频需要超高的计算速率和传输速率。如果计算和传输资源不足以支持 VR 视频传输，则会出现传输视频分辨率不足，视频内容缺失，延迟高等情况[12]，导致用户产生眩晕。用户发出交互动作到屏幕给出反馈的时间称为运动到成像（Motion To Photons，MTP）时延。为了避免在观看 VR 视频时引起 VR 眩晕，MTP 时延通常应小于 20 ms[13]。但如今 VR 视频传输面临计算和传输资源不足以支持其在 MTP 时延内传输的困境。所以在计算和传输资源无法提高的情况下，通过一些技术方法使 VR 视频高效传输成了研究重点。

VR 视频高效传输方法一般从减少内容量、缩短传输距离、提前传输三方面考虑。虽然 VR 视频内容量大，但视频内容的受欢迎程度不同。可以利用边缘技术（Mobile Edge Computing，MEC）减少 VR 视频传输的 MTP 时延，将受欢迎的内容缓存在边缘服务器上，在需要该内容时仅请求边缘服务器即可，无须请求云端服务器，缩短了请求时延。有取舍地在 MEC 缓存 VR 视频内容则要把 VR 内容进行分割。将某一时刻 VR 视频数据平铺开，把整块内容分割为小块切片（Tile），对切片内容热门程度进行统计，并将受欢迎的切片缓存在边缘服务器。图 1.3 为切片受欢迎程度。除利用 MEC 技术之外，为使 VR 视频传输在 MTP 时延内，可以通过减少视频传输数据量的方法。用户观看 VR 视频时有视角限制，即每一时刻用户的视场角（Field of View，FoV）只占视频画面的一部分。人的FoV 在 90°×90° 左右，大概占全景画面的十六分之一，并且人在集中视线时 FoV 会变小。所以可以只高质量传输用户 FoV 内的 VR 视频内容，达到减少数据传输的目的。除利用 MEC 技术和 FoV 方法外，还可以提前预测用户 FoV，并在用户观看前将预测的视频内容处理传输到用户 HMD，有效避免 MTP 时延。

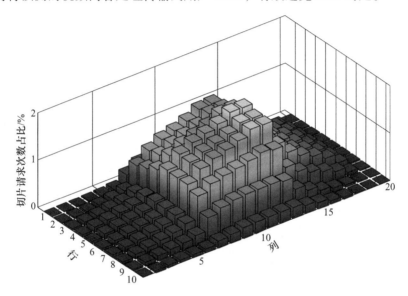

图 1.3　切片受欢迎程度

　　基于以上分析，利用 MEC 技术、FoV 和预测方法能在计算和传输资源一定的情况下有效提高 VR 视频传输效率。利用上述方法的 VR 视频流处理过程主要包括四个步骤：预测、缓存、计算和传输，其中预测决定内容的准确度，缓存中的缓存算法决定请求边缘服务器命中内容的数量，计算和传输决定最终传输到用户 HMD 的内容量。所以预测、缓存、计算和传输共同决定用户 HMD 收到的 VR 视频内容的准确度和完成度。VR 视频流处理时间有限，预测分配更多时间可以提高预测准确度，缓存分配更多时间可以从云端请求更多边缘未命中的数据，计算分配更多时间可渲染更多数据，传输分配更多时间能将更多数据传送到用户HMD。所以在有限时间内合理分配四步的处理时间可使视频质量达到最优，进而最大化用户 QoE。无论 VR 视频流在何种预测算法、缓存算法、计算和传输资源的系统模型下，优化四步处理时间都是重要内容。除联合优化四步处理时间以最大化用户 QoE 之外，高命中率的边缘缓存算法也非常重要，减少云端请求时间或者不需要向云端请求数据，让更多时间分配到预测、计算和传输上，提高用户 QoE。所以设计高命中率的边缘缓存算法也是提高用户 QoE 的重要方法。因此，联合优化 VR 视频流的预测、缓存、计算和传输以最大化用户 QoE 和设计高命中率的边缘缓存算法提高用户 QoE，对 VR 视频流高效传输具有重要意义。

在进行高效传输的研究后，本书同样进行了人机交互及情感反馈的研究。情感反映了个体内在思想状态、对外部事件的主观体验和生理心理反应，是人类与生活环境互动和感知的重要方式之一，体现了个体对外部刺激的主观评价，同时也是复杂的生理心理活动的重要表现。情感是人类在生活工作和学习中的重要组成部分。所以，有效的情感识别（也称脑电情感识别）技术在理论和实际生活的各个领域中都能发挥出重要作用。例如在心理医疗康复领域，情感识别有助于分析患者的情感障碍、抑郁、焦虑等问题，从而有利于医生为患者进行诊断和治疗，促进患者的心理健康；在人机交互领域，有效的情感识别可以帮助机器更好地理解用户的情感状态，进而提供更加具有个性化、智能化的服务，改善人机交互体验；在安全驾驶领域，情感识别能够帮助车辆系统监测驾驶者的情绪状态，及时识别疲劳、分心、焦虑等情绪，从而提升驾驶安全性并改善驾驶体验，为智能驾驶和交通安全作出贡献；在作品评价领域，如果能实时收集用户欣赏作品时的情感反馈，可以根据用户客观的情感反应和需求，为改进和优化作品提供参考和支持；在市场营销中，如果能够更准确地了解消费者的情感需求，则能够帮助企业生产出更具有吸引力和共情的产品，提高市场竞争优势。因此，情感识别技术的持续深入研究和应用，将对人类社会和个体发展产生积极的影响，能够推动各个领域的进步。

1.5　脑电信号特征

当前，情感识别的研究方向根据研究信号对象的不同分为生理信号和非生理信号。其中，非生理信号包括语音、自然语言处理、面部表情和多模态融合等，通过监测生理特征、分析面部表情、声音语调、文本内容以及综合多源信息来识别个体的情感状态。使用非生理信号进行情感识别研究可能会损失对情感细微差别的敏感度和识别准确性。由于这些信号容易受到文化背景、个人习惯或社交期望的影响，使其可能会遮掩或模糊个体的真实情绪体验。此外，非生理信号往往需要借助外部观察和主观解释，可能导致情感检测过程中的误判和误差。生理信号包括心跳、皮肤电反应、脑电波、肌电图、呼吸模式等，这些生理反应往往是由潜意识和自主神经系统控制，因此难以被个体有意识地操控或伪装，从而能更准确地揭示真实的情绪状态。生理信号的量化特性也为使用算法和模型来分析和解读情感提供了便利，以期望在不同个体和情境中实现更高的识别精度和一致性。因此，使用生理信号特别是脑电信号研究人类情感变化受到越来越多研究者的青睐。

脑电波（Electroencephalogram，EEG）信号是由人类大脑神经受到刺激产生的一种生理信号，直接反映了大脑不同区域在处理情感信息时的电活动，能够提供与情感相关的生理特征。这些特征可以用于识别和分析不同的情感状态，而且不受到被试者自身意识或表达方式的影响，因此具有客观性和可靠性，能够客观地反应出人类受到刺激之后的心理状态和情感变化[14-16]。同时，由于脑电信号具有极高的时间分辨率，可以实时监测大脑活动，所以能够捕捉到瞬时的情感变化，为情感研究提供了实时精准的监测能力。因此，利用脑电信号对情感识别研究可揭示情感产生和表达的脑部活动模式，为精神健康评估、用户体验研究、情感调节和干预提供科学依据[17]。情感识别在生产和生活的许多领域都有重要应用价值，具体应用流程如图1.4所示。

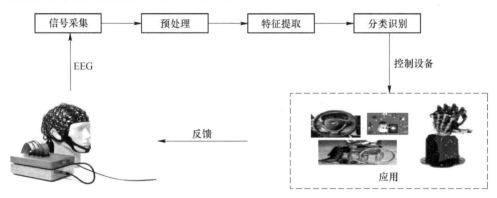

图1.4　脑电信号情感识别应用流程

VR技术通过模拟现实世界环境或创造一个全新的虚拟环境，让用户得以被动参与或主动交互。在这个过程中，用户的情感体验成为衡量VR场景及系统交互质量的一个关键指标。因此，情感识别系统的研究对于提升VR体验具有重要的意义，不仅能够帮助VR系统更好地适应用户需求，还能够提升用户的沉浸感和满意度。

融合脑电信号研究高效的情感识别算法对虚拟现实场景评价机制有着十分重要的意义。一方面，脑电信号情感识别能够准确地分析用户在虚拟现实场景中的情感状态，帮助评价机制更全面、客观地了解用户的情感反应，同时更准确地捕捉用户的体验和感受，提供更可靠的数据基础。另一方面，高效的情感识别系统可以提高评价机制的实时性和准确度。通过快速、自动地识别用户的情感状态，评价系统可以即时获取用户的意见和情感反馈，避免了传统方式下需要用户手动填写问卷或反馈意见的延迟和不准确性。此外，融合脑电信号研究高效的情感识别算法还可以提升虚拟现实场景评价机制的智能化水平。通过结合机器学习和深度学习等技术，情感识别系统能够不断学习和优化，提高对用户情感的识别和理解能力。这使得评价系统能够更加智能地分析用户情感反馈，提供更个性化和精准的评价结果，更好地满足用户的需求，融合脑电信号研究高效的情感识别算法对虚拟现实场景评价应用流程如图 1.5 所示。

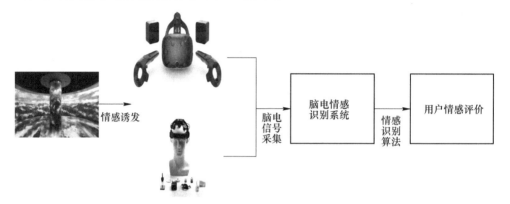

图 1.5 融合脑电信号研究高效的情感识别算法对虚拟现实场景评价应用流程图

  综上所述，现实环境的数据采样、三维场景的精确表达、根据特定应用需求建立相应的虚拟环境模型、视频流数据的高效传输以及使用者体验时产生的脑电信号情感分析对于 VR 的发展具有重要理论意义，同时具有很高的应用价值。

2 相关技术基本原理

2.1 空中光场理论

2.1.1 光场的定义及参数化

空中光场作为光场研究领域重要的分支之一，许多定义及参数的设置与普通光场的定义与参数化息息相关。光场提出以来，就是作为一种描述光在三维空间中分布和传播的数据结构而定义[18,19]。它可以详细地记录场景发出的每一条光线的方向和强度等完整信息，目前描述光场的形式都是基于图 2.1 所示的光场双平面表示方法。在光场的双平面模型中有两个平面：相机平面和成像平面。光线从物体表面发出，经过成像平面与相机平面会产生两个交点，根据这两个焦点便可以确定唯一的这条光线信息。

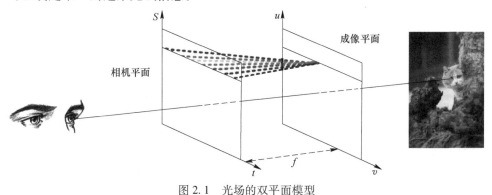

图 2.1　光场的双平面模型

如图 2.1 所示，它将光场视为从物体表面发出的一系列光线。该模型假设光线在物体表面处发出，并沿着不同方向传播。光线经过各种光学元件后，最终聚焦在成像平面上，形成图像。在一个静止场景中，七维函数 $p(\theta, \phi, \lambda, \tau, V_x, V_y, V_z)$ 可以用四维光场来表示，每根光线由两个平行平面的交点来参数化，一个平面是相机平面，坐标表示为 (t, s)，另一个平面是成像平面，坐标表示为 (v, u)。这两个平行平面之间的距离为相机焦距 f，基于以上的四维光场参数化表示方法，就可以用 $l(t, s, v, u)$ 来表示一根经过相机位置为 (t, s) 和方向为 (v, u) 的光线。而作为基于图像绘制的技术之一，与传统的二维图像不同，光场还提供了更为丰富的场景信息，如深度信息等，可以使生成的图像更加真实、细节纹理更加丰富。通过在计算机中对光场数据进行处理，可以实现对图像的任意视点和焦距的调整，以及在图像中进行多视点的重构。传统相机只能捕捉到图像上的 2D 信息，而光场采样则可以在一个设备中同时捕捉到不同方向和位置上的多个视点的光场信息，从而形成一个光场，光场包括了在各个视点处的所有光线信息，可以用于后期处理和渲染，完成调整焦距、景深、视点等的效果。实现光场摄影需要使用特殊的光场摄像机，如图 2.2（a）所示，它通常由一个微透镜阵列和一个高分辨率的传感器组成。微透镜阵列中的每一个微透镜都可以捕捉到不同方向上的光线，传感器则用于记录所有的光线信息。在后期处理中，可以使用计算机算法来提取光场数据。

(a)   (b)

图 2.2   光场采样设备
（a）专业级光场相机；（b）128 台普通相机组成的相机阵列

相机阵列采集光场的方法是另一种光场捕捉技术，如图 2.2（b）所示。相较于光场摄影，它可以使用普通的相机进行捕捉，并且可以在后期处理中实现类似于光场摄影的效果。以下是相机阵列采集光场的具体步骤：

（1）构建相机阵列：首先，需要将多个相机布置在一个平面上，形成一个相机阵列。每个相机的位置和朝向都应事先精确地定位好，以保证后续的计算精度。

（2）捕捉光场图像：在拍摄时，需要同时按下所有相机的快门，以确保在同一时刻捕捉到整个场景中的所有光线信息。每个相机所捕捉的图像具有不同的视角，可以通过这些图像来重建整个场景的光场信息。

（3）光场重建：在将捕捉的图像转换为光场信息之前，需要对这些图像进行一些预处理工作，比如校准、白平衡、去噪等。然后，使用光场绘制算法来重构光场，具体方法包括视差估计、光线追踪及双线性插值等方法。重构出的光场包括了整个场景中所有点的光线信息，可以用于后期调整和处理。

（4）光场后期处理：在得到光场之后，可以使用各种算法来实现想得到的效果，比如调整焦距、景深、视点等。

相机阵列采集光场的方法可以在一定程度上实现光场摄影的效果，同时也可以降低成本。使用无人机进行空中光场采样仿照了相机阵列采集光场的方式，根据场景静止的特性，使用无人机对场景进行连拍或视频取帧的方式获取场景信息进而对空中光场信息进行加工及处理。

2.1.2 极线平面图像定义

光场是通过对不同方向上的光线进行采样而得到的，而极线平面图像（Epipolar Plane Image，EPI）是由相机中心穿过像素点的光线所构成的极线集合。它是由视差图像（Disparity Map）和极线几何（Epipolar Geometry）计算而来的一种图像表示方式，具体表示如图2.3所示。

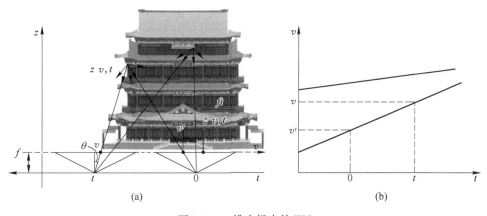

图2.3 二维光场中的EPI

图2.3（a）为在点 t 和点0处，观察场景的同一点；而图2.3（b）则为沿相机平面移动的EPI。假设场景表面是朗伯反射，每一条颜色的直线都为均匀表示。根据文献［3］提出的定义，结合图2.3，通过给定相机位置 t 和它的成像平面 v，$z(x)$ 为与 x 相关的场景深度函数，沿 x 轴映射场景和EPI之间的关系可用下式表达：

$$v = f\tan\theta \tag{2.1}$$
$$t = x - z(x) \cdot v/f \tag{2.2}$$

EPI可用来进行深度估计相关的研究，文献［20］研究了如何提高基于EPI的光场深度估计算法的准确性，其中分别从传统方法和深度学习方法两个方向入手。在传统方法方面，作者提出了一种新的算法，通过极平面图斜线像素一致性和极平面图区域差异性来解决遮挡和噪声问题。在深度学习方面，提出了另一种算法，通过利用 EPI 的多方向性和像素一致性，使用定向关系模型进行特征提取，并使用多视点注意力机制来处理 EPI 斜线不清晰的问题。此外，还结合了通道注意力和空间注意力，为 EPI 斜线信息提供更大的权重，从而进一步提高深度估计算法的准确性。文献［21］通过分析光场 EPI 图像，在像素点的 3×3 邻域内构建梯度方向直方图，提取具有较大峰值的关键点，并根据关键点与邻域内其他像素点的对比度大小，保留对比度更大的稳定关键点。同时，提出了三维局部特征描述符，以 HoG 特征描述算法为基础，从水平角度域、垂直角度域及空间域，分别采用特征点局部邻域构建164维的特征描述子。真实和虚拟场景光场数据上的实验结果表明，该方法能够显著提高特征检测重复率和特征匹配精确率，相比传统方法 SIFT、HoG 算法和两种现有光场特征检测算法有明显的优势。文献［22］针对光场重聚焦原理以及 EPI 图像进行了分析，开展了光场深度估计研究，提出了一种基于光场重聚焦 EPI 数据增强方法，通过对重聚焦前后场景视差与 EPI 斜率之间关系进行分析，在同一场景点下，提取不同斜率极线图并计算极线视差值，从而增加深度估计网络样本数据，并结合自监督学习的训练方式，实现了基于光场 EPI 图像深度估计。根据 EPI 图像结构特性，融合极线关联性特征，构建基于 EPI 图像关系网络。通过对重聚焦前后场景的视差偏移量进行估计，进一步实现网络自监督训练。EPI 可以将图像信息在极线上呈现，从而便于进行立体匹配和深度估计等计算。EPI 也可以用于物体运动分析、光线追踪等方面的研究。

在光场采样中，相机捕捉到的不仅是图像，还包括每个像素的光线方向和强度信息。EPI 利用这些信息，通过将每个像素的光线方向映射到一个平面上，可以对场景进行深度和位置估计。具体来说，EPI 在光场中应用可以总结为以下几个方面：

（1）深度估计：通过对多个光场图像中像素光线进行比较，可以计算出每个像素深度信息，从而实现对视点重构。

（2）物体识别和跟踪：通过比较不同视角下的 EPI，可以提高物体识别和跟踪准确性。

（3）视差估计：通过对 EPI 上的光线进行匹配，可以计算出场景中不同点之间视差信息，从而实现图像间对齐和融合。

总之，EPI 是光场成像中的重要工具，可以实现对场景的深度、位置、形状等信息的精确估计和分析。EPI 作为评价空中光场虚拟视点绘制及重构质量评判标准之一，将在后续的实验中被经常使用。

2.1.3　基于频谱分析的光场采样方法

光场采样是一种用于捕捉并重构光场的方法，它可以用来生成高质量的三维光学图像、计算机图形和视觉效果。频谱分析是一种用于分析信号频谱的方法，是光场采样中常用的一种方法。光场是由一系列波长和振幅不同光线组成，频谱分析的基本原理是将这个连续的光场函数表示为一组离散频谱分量。而频谱分析过程通常涉及将光场分解为一组正弦和余弦函数和，每个正弦和余弦函数具有不同的频率、振幅和相位。分解后的分量称为光场频谱，可以用傅里叶变换或其他类似技术来计算。当场景单一且采样场景理想，假设相机沿着直线分布，场景没有遮挡和朗伯反射，光场频谱结构，如图 2.4 所示。

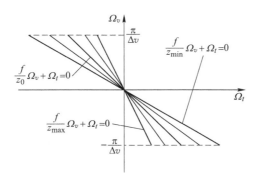

图 2.4　2D 光场的频谱结构

根据图 2.4 所示，2D 光场的频谱结构主要由相机平面频率的最大值 t 和成像平面频率的最大值 v 决定，同时也与相机分辨率有关。光场的频谱只由两个深度的频谱直线：$\Omega_v f/z_{min} + \Omega_t = 0$ 和 $\Omega_v f/z_{max} + \Omega_t = 0$ 决定，其中，z_{max} 及 z_{min} 表示场景的深度最大、最小值。通过光场的定义可知，光场是一个空间多维信号，其频谱结构受到多种因素影响，包括相机位置和方向、相机设置和场景信息，如场景最大深度和最小深度以及纹理信息等。由于这些因素的复杂性，分析光场频谱的任务面临着巨大困难和挑战。为了简化分析，研究人员通常采用一些理想条件和假设，如假设最大深度和最小深度是有限的，物体表面是光滑的并且遵循朗伯反射定律，相机位置沿直线布置且方向相同等。在这些假设基础上，研究人员发现光场频谱结构特征仅由场景最大深度和最小深度决定，而频谱带宽仅取决于深度差。因此，光场采样率具体表达式如下：

$$\Delta t_{max} = \frac{2\pi z_{max} z_{min}}{\Omega_v f(z_{max} - z_{min})} \tag{2.3}$$

式（2.3）初步确定了光场采样最小间隔，然而，真实场景往往是复杂变化多样，比如会存在非朗伯反射、遮挡和场景物体表面不光滑等不明确因素。基于上述频谱分析结果，研究光场的学者们使用表面光场技术进一步分析了非朗伯反射和遮挡现象对光场频谱结构的影响。结果表明非朗伯反射、遮挡和深度值的变化都会导致光场频谱扩展。在此基础上利用表面光场推导了同心拼图绘制中的采样率理论，并基于没有遮挡和非朗伯反射特性设计了相应的滤波器。以上结论对深入理解光场的物理特性、设计更优化的光学系统以及优化光场采样率具有重要意义。为使光场采样率计算更贴合场景复杂特性，近年来，研究者们还研究了场景平面斜率与光场最小采样率之间的关系，推导了一个全新的倾斜平面的光场采样率，并给出了一个完整的最小采样率确定公式：

$$\Delta t_{max} = \frac{2\pi z_G v_m}{v_m \Omega_t \Delta z + 2\pi n(\phi, \bar{v}_m) f} \tag{2.4}$$

式中，$z_G = (z_{min} + z_{max})/2$；$v_m$ 为相机的最大视野；$\Delta z = z_{max} - z_{min}$；$n(\cdot)$ 为一个与斜率有关的参数。通过该公式，可以看出频谱不仅取决于最大、最小深度，还与场景斜平面的倾斜角度有关，与光场最小采样率计算方式（2.3）不同，公式（2.4）所示的光场最小采样率计算公式更为精确和合理。

在傅里叶理论框架下进行空中光场的采样方法研究，不仅考虑场景最大深度和最小深度，场景斜平面斜率等因素，同时也会考虑与无人机相机的视角有关的因素，基于上述采样率计算方式及结果的基础上可推导空中光场的最小采样率。

2.1.4　新视点重构滤波器设计

光场采样后则需对光场进行重构，重构滤波器在光场的重构过程中发挥了重要作用。由于光学系统的不完美性和光学干扰等因素，会导致采集到的光场信号存在噪声和干扰，影响光场重构的精度和质量。重构滤波器可以有效地去除这些噪声和干扰。具体来说，重构滤波器的作用类似于图像处理滤波器，常用的重构滤波器包括低通滤波器、带通滤波器、高通滤波器等，具体选择和参数设置需要根据光场数据的特点和重构要求来确定。重构滤波器设计主要有以下几个步骤：

（1）计算系统传递函数。系统传递函数是指采样得到的光线信号经过系统传递后的输出信号变换函数。在空中光场采样中，系统传递函数表示为复振幅函数，可以通过将采样平面信号与参考光平面的复振幅进行傅里叶变换计算。系统传递函数包含系统的空间和频率响应信息。

（2）确定重构滤波器类型。根据设计要求和实际应用需求，确定重构滤波器类型。常用的重构滤波器包括线性相位滤波器、最小均方误差（MMSE）滤波器、最大似然（ML）滤波器等。

（3）设计理想重构滤波器。根据系统传递函数，设计理想重构滤波器。理想重构滤波器是一个完美的滤波器，可以在不产生任何重影和混叠等误差下完全恢复空中光场。在频率域中，它等于系统传递函数的逆。

（4）应用窗函数。理想重构滤波器具有无限带宽和无限响应，无法实现。因此，需要将理想滤波器转换为实际可行滤波器，常用的方法是应用窗函数。窗函数可以削弱理想滤波器的高频分量。常见的窗函数包括汉宁窗、汉明窗、布莱克曼窗、高斯窗等。选择窗函数时，应根据实际情况选择，例如信噪比、采样参数等。最终选择采用信噪比的应用窗函数方法。

（5）反转滤波器。重构滤波器可以进一步改进，使其对高频信号更加敏感。可以通过反转滤波器来实现。反转滤波器可以提高系统对高频信号的响应，并增加重构图像的细节。

（6）优化滤波器。设计重构滤波器是一项非常具有挑战性的任务，需要进行多次实验和优化。在设计过程中，可以采用多种技术来优化滤波器，例如遗传算法、粒子群算法和模拟退火算法等。

需要注意的是，重构滤波器的设计可能会受到采样参数、噪声和系统模型等因素的影响。因此，滤波器的设计需要综合考虑这些因素，以获得最佳的重构效果。在文献［23］中详细描述了重构滤波器的设计框架，设计的重构滤波器显著减少了在欠采样光场中看到的重影等现象。但由于无人机采样特性，导致获得的二维图像或视频序列往往都具有过采样特征，因此需要在传统重构滤波器设计的基础上再考虑其他因素，包括但不限于采样设备的影响，大规模场景的细节纹理特征等。

2.2　面向大场景的无人机采样技术

无人机采样是采用无人机对大规模场景采样和数据收集的过程。通过无人机搭载各种传感器和设备，可以实现对空中、地面、水面等多种环境进行采样。无人机采样和重建技术已广泛应用于各种领域的大规模真实场景。例如，在安全监测领域，Zhao 等人[24]提出了一种基于无人机的大坝应急监测三维重建模型，提高了潜在问题的发现效率。在城市网络中，低成本无人机已被用于实时道路损坏检测和维护。例如，Roberts 等人[25]采用运动结构技术来重建破旧的路面，提出了一种优化路面管理策略的综合方法。无人机采样和绘制也广泛用于资源勘探，Martin 等人[26]利用无人机描绘含矿物的矿床位置和其他地表现象。除了自然灾害预测，无人机采样和绘制技术还被用于城市公共设施的监测和测量、考古以及遗产保护。完成上述应用需要良好的场景绘制质量，目前已经提出了许多改进的绘制方法来提高这些绘制场景的质量。例如，文献［27］使用聚类原理将对象分解为多个区域并并行重建，以减少计算时间并提高模型质量。Madhuanand 等人[28]使用单图像深度估计和卷积神经网络来提高绘制速度，同时保持绘制质量。利用合成孔径成像方法，将基于无人机的非结构化光场采样应用于 3D 场景重建，实现了大规模场景细节纹理的高质量绘制[29]，且运用到实际中来，该方法采用光场切片技术（Airborne Optical Sectioning，AOS）对本书的研究有着重要的启发，其原理如图 2.5 所示，图 2.5（a）为光学合成孔径原理，通过采集无人机相机姿态、孔径大小、视野和聚焦平面等信息，积分绘制出虚拟视点图像；图 2.5（b）说明了使用光学合成孔径对实际场景进行采样需要考虑的因素。

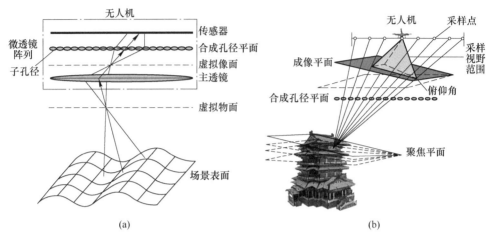

图 2.5　无人机合成孔径技术及其应用

AOS 方法不再测量、计算和绘制三维点云或三角测量的三维网格，而是应用基于图像的绘制进行三维可视化。与摄影测量学不同，AOS 不会出现不准确的对应匹配和长时间处理问题。但是宽孔径信号会导致浅景深，导致失焦。针对失焦问题，Zhang 等人[30] 提出了一种方法，允许具有宽视野和高分辨率细节的千兆像素图像保留大规模场景结构。改进无人采样方法的研究有很多。Xu 等人[31] 提出了一种新颖的动态探测规划器，利用增量采样和概率路线图来增强无人机的自主探测能力。考虑到无人机的采样特性，Rohr 等人[32] 开发了一个无人机的动态模型和一个特殊的控制系统来操纵无人机采样的各个角度。无人机采样的路径规划算法优化也一直是研究的重点，它大大减少了无人机采样的冗余视图收集和内存消耗[33]。另外，还有许多人致力于对控制无人机在飞行期间俯仰角的研究，以进一步适应大规模场景的采样特性，从而提高绘制场景的质量。

本书将在合成孔径技术的基础上，通过各种实际运用的分析，根据空中光场的特性，结合各种无人机采样方法及数据处理方式，研究面向空中光场的无人机航拍采样方法。

2.3　面向云边端架构的 VR 视频传输技术

2.3.1　移动边缘计算技术

随着物联网技术发展，终端种类和数量不断增加，各种服务场景不断丰富，网络中数据流量呈指数式增长。移动网络须拥有更强的能力，才能满足新应用与新场景不断提高的要求。面对挑战，移动边缘计算被视为满足移动网络高带宽、低时延、高安全性和移动性等发展要求的关键技术。

2014 年为减少核心网络不断提升的营运压力，欧洲电信标准协会（ETSI）提出移动边缘计算这一网络架构概念，其核心思想是把中心服务器的计算能力与资源下沉到网络边缘，移动边缘计算得到了广泛关注与发展。移动边缘计算技术被定义为在网络边缘提供电信用户 IT 服务和计算资源，进一步提升传输与服务处理效率，可以理解为部署在用户附近运行的云服务器，其模型如图 2.6 所示。靠近用户是移动边缘计算的特征，MEC 服务器设立在终端进入核心网之前。对于 MEC 服务器提供的服务，用户不需要将请求与数据经过重重路由到中心服务器处理，节省了向中心服务器请求的时间，降低了时延，保护了数据隐私。此外，在网络边缘节点上处理数据减少了核心网数据传输量，减轻了回程链路和中心服务器的压力，改善了链路容量。得益于移动边缘计算的优势，其很快得到了发展，且应用伸展至各个领域。在智能驾驶领域，MEC 服务器的部署可就近处理无人车的紧急视频信号，保障无人车的稳定安全行驶。在交通监测领域，部署 MEC 服务器实时记录和感知交通流量数据，识别违规行为，发出事故警告，助力交通智能发展。在物流领域，移动边缘计算被广泛应用于实时感知货物信息、自动化分拣、检测货物运输安全，提高货物可追踪性和物流的安全性。在密集计算场景下，部署 MEC 服务器实现边缘密集计算能力，使大连接就近得到处理，缓解回程链路压力并改善链路容量。未来，随着移动边缘计算技术的发展与完善，网络边缘将在移动网络中扮演重要角色。总之，移动边缘计算将计算能力和资源下沉到网络边缘，实现低时延、高带宽、高安全性的服务支持，被广泛应用于时延敏感型应用。

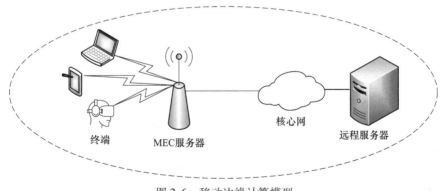

图 2.6 移动边缘计算模型

VR 视频是时延敏感型应用，其 20 ms 的 MTP 时延要求与超大数据计算量是传统网络无法支持的。根据移动边缘计算特征与优势，在 VR 视频传输中应用移动边缘计算技术可将 VR 视频内容缓存在网络边缘，就近提供 VR 视频服务，进而降低 MTP 时延，保障用户观看视频的体验质量[34-44]。VR 视频流应用移动边缘计算技术的模型如图 2.6 所示，在传统网络模型上增加了 MEC 服务器。

在应用移动边缘计算技术时，用户佩戴 HMD 体验沉浸式 VR 视频，HMD 根据头部运动数据请求中心服务器获取相应数据，然后对数据进行渲染，最后呈现给用户。因为中心服务器一般距离用户较远，且网络计算与传输超大分辨率 VR 视频能力不足，导致用户无法在 20 ms 收到系统的互动反馈而产生 VR 眩晕[45]。解决 VR 视频传输时延这一问题一般采用加强网络的计算与传输能力，或者降低 VR 视频的数据量与加强用户端能力。目前从 4G 发展到 5G，已经大大加强了网络能力，但是网络容易被干扰，具有一定的不确定性，所以不能仅仅依靠网络能力的加强。VR 视频要提供沉浸式体验，注定其拥有超大数据量，在生产 VR 视频过程中减少数据量可行性较难，但可以从用户 FoV 角度出发减少 VR 视频传输的数据量，这方面工作将在本书中介绍。加强用户端能力，可以增强 HMD 的存储与处理能力，目前很多厂家在不断提升 HMD 的能力，但 HMD 主要功能是处理数据，并不是存储大量内容，网络传输部分的问题还是无法解决，于是 MEC 服务器成为了加强用户端能力的不二选择。

在图 2.6 中，应用移动边缘计算技术后，HMD 根据头部运动数据先请求 MEC 服务器，如果边缘服务器缓存了请求内容，则直接反馈给用户，如果没有缓存请求内容，再通过核心网请求中心服务器获取数据。如此一来，将热门请求内容缓存在 MEC 服务器，就可以缩减 MTP 时延。MEC 服务器不仅可以缓存 VR 视频内容，还提供计算能力[46]，即在 MEC 服务器上渲染 VR 视频流数据，发送到 HMD 的视频数据可直接呈现给用户[47]。总之，时延是 VR 视频发展面临的重要挑战，相较于传统视频传输模型，应用了移动边缘计算的视频传输模型可取得更低的时延。

2.3.2　视场角（FoV）

视场角（FoV）又被称为视野，在光学仪器中定义为以镜头为顶点，以测量对象能够通过镜头最大范围两条边构成的夹角。不同的领域场景中其表示的含义可能略有不同，但一般指的是从一点处能够观察到的范围。在航空航天领域中，视场角用于描述飞行器或者飞行员能够观察到的范围。在摄影应用中，视场角用于表示相机能拍到的范围，相机镜头也会根据视场角大小分类，例如，视角 40°以内的远摄镜头用来远距离拍摄，视角 45°左右的标准镜头使用最广，视角 60°以上广角镜头范围大，视角 80°~110°被称为超广镜头，接近或者等于 180°的镜头被称为鱼眼镜头，鱼眼镜头是一种极端广角镜头。在生物学领域中，视场角表示显微镜或其他观测仪器的观测范围。视场角包括水平视场角、垂直视场角和对角线视场角。一般地，视场角表示的是水平视场角，即在水平方向上呈现的范围。在 VR 视频流传输过程中可以利用人眼 FoV 有限特点减少数据传输量。

人眼的视场角有限并且范围因人而异，大体情况如图 2.7 所示，通常情况下人的双眼水平视场角会超过 200°，但是两眼视场角重合部分约为 120°，最佳观测角度为 90°左右。超过 90°的场景一般需要转头看，否则斜眼看会增加疲劳感。人的垂直视场角明显要比水平视场角小，能观看到的区域大约是 120°，最佳注视角度约为 80°，垂直视场角增大则更容易看到自己身体和地面，要比水平视场角增大带来的影响大。在光亮条件一定情况下，因为颜色对光的反射能力不同，所以颜色在人眼中有不同的视野大小，灰白色的视野最大，绿色的视野最小。VR 领域中的视场角是一个重要的基本术语，指的是用户佩戴 HMD 在虚拟世界的视觉范围。在 HMD 产品中，VR 终端支持的视场角一般为 90°~110°[48]。视场角的大小影响用户观看 VR 视频的体验，90°的视场角一般是 VR 体验的及格线，达到部分沉浸式体验要有 120°的视野范围，180°的视野则会达到完全沉浸式的体验[49]。不同的视场角大小给用户带来不同的感受，例如一些 HMD 的视场角比人眼视场角小，那么用户佩戴此 HMD 观看 VR 视频时会产生"潜望镜效应"，即视野周围总会有一圈黑框，如同透过一个潜望镜观察世界，这意味着 HMD 呈现的内容不足以填满人眼的视野。总之，HMD 视场角类型会影响用户观看效果，小的视场角会影响观看效果，但人眼视野大小有限，也并不需要过大视场角。

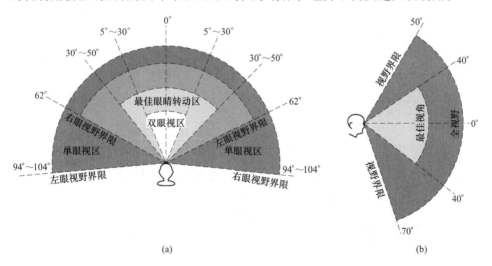

(a)　　　　　　　　　　　　(b)

图 2.7　人眼视野图

视场角提供了新思路以解决 VR 视频流传输数据量大、时延高的难题[50]。高质量的整体 VR 视频传输过程为：将视频源内容切片、编码、传输至终端，在终端解码、渲染进行观看。全视角的优势是传输了视频全部内容，用户能看到与内容服务器上同等质量的视频。但是受限于人眼视野大小，用户并不能同一时间观看 360° 的内容，造成了非视野内容浪费，而且非视野内容传输增加了传输时间，占用了网络计算传输资源，增加了终端解码和渲染负担。人眼在每一时刻只能看到视野内有限的内容，则可以通过重点传输人眼视场角内的视频内容达到减少数据传输的目的，进而降低时延。通过忽视低质量内容进行计算，如果以 90°×90° 的视场角传送 VR 视频内容，则内容传输量是之前整体传输的十六分之一，以 120°×120° 的视场角传送 VR 视频内容，内容传输量也会低至之前的九分之一，因此运用视场角传输 VR 视频内容将有效降低传输数据量和时延。基于 FoV 的 VR 视频流传输过程如图 2.8 所示，主要有以下步骤：（1）将 VR 视频分割为高质量和低质量的小块切片；（2）终端根据用户头部移动数据判断 FoV 位置，并向中心服务器请求高质量的 FoV 内容和低质量的非 FoV 内容；（3）内容侧将请求内容发传送到 MEC 服务器或者用户的 HMD；（4）在 MEC 服务器或者在用户 HMD 对收到的内容进行拼接渲染；（5）将内容呈现到 HMD 视野内。FoV 传输 VR 视频方案的优势：高质量传输了 FoV 的视频内容，减少了内容侧向终端侧传输的数据量，降低了交互时延，提高了用户体验。FoV 传输 VR 视频方案不足：需要对切片进行拼接，增加了终端的计算负担，高低质量切片拼接处画面错位明显。总的来讲，应用 FoV 传输 VR 视频方案利大于弊，其巧妙地避免了视频整体内容传输产生的时延，提升用户观看 VR 视频的体验，解决了传输视野外内容的带宽浪费问题。

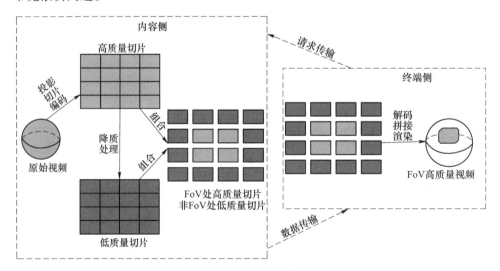

图 2.8　FoV 视频传输

2.3.3　FoV 预测

在 VR 视频流传输中，FoV 预测指的是预测用户未来的视野，通常预测的是较近的一个未来时间，以解决延迟问题[51]。预测结果受预测方法、了解预测对象信息程度、预测时间的影响。例如，猎人预测一只野猪 1 s 后的位置，如果野猪在做匀速直线运动，猎人的预测会非常准确，只需用 $s = vt$ 就可以推出未来野猪的位置。然而现实是复杂的，猎人的预测不可能 100% 正确，因为野猪可能在这段时间内改变了方向和速度。猎人想预测的时间点越远离现在的时间点，则预测准确的难度越高，预测会变得越不准确。预测 1 s 后野猪的位置，要比预测 1 min 后野猪的位置更加精确。猎人掌握野猪的信息越多，则会预测越准确，比如知道这只野猪的常走路线。以上例子中，$s = vt$ 就是一种预测方法，野猪目前前进方向和速度等等都是预测对象的信息，猎人根据多长时间内的野猪信息预测多久后野猪的位置都是预测时间。在 VR 视频中，FoV 预测是通过当前一段时间内用户头部运动序列信息推测未来某点的用户视野。之所以要进行预测，是因为用户从互动发起到接收到反馈之间的很多时延是很难降低或者无法降低的。例如存在这些时延：（1）用户端处理时延，用户的 HMD 处理信息到发出请求或者 HMD 接受信息到呈现画面时间，其中包括检测延迟、渲染延迟、帧率延迟等。（2）信息端的处理时间：中心服务器接收请求信息到发送信息时间。（3）传输时间：在用户端和信息端之间传送数据时间。现在网络较难支持超大分辨率的 VR 视频在 20 ms 的 MTP 时延内传输，虽然有 FoV 视频传输、移动边缘计算等一些方法提高 VR 视频的传输效率，但是仍难以消除时延。使用视口预测，在用户播放时刻未到来前，预测未来观测点并将内容计算传输到用户 HMD，能有效避免用户因交互时间超过 MTP 时延而产生 VR 眩晕[52]。虽然预测方法优点很多，但是如果预测内容准确度不高，仍会影响用户观看体验，所以研究影响预测准确度的因素至关重要。总的来讲，预测窗口大小、预测内容与当前时间点距离、预测算法都是影响预测效果的重要原因。接下来通过预测模型讨论预测窗口与预测算法对预测的影响。

制定 FoV 预测模型，如图 2.9 所示，目标为预测 t_3 时间点的用户 FoV，利用预测算法对 $t_1 \sim t_2$ 时间内的用户头部运动序列信息进行处理，得到 t_3 时间点的用户 FoV 预测信息，$t_2 \sim t_3$ 的时间是将预测结果传输到用户 HMD 的用时。$t_1 \sim t_2$ 被称为预测窗口，里面的信息用来预测 t_3 时间点用户轨迹。

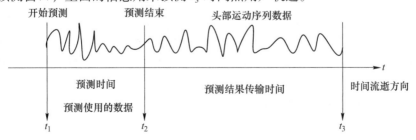

图 2.9　FoV 预测模型

如果未能正确预测未来用户 FoV 会导致 FoV 中显示的质量较低，进而降低用户的体验[53]。因此，对于高效的 VR 视频流系统，嵌入准确的 FoV 预测器，以周期性地通知用户在未来可能会看到的地方是非常重要的。预测算法多种多样，主要有以 FoV 中心的基于轨迹预测模型和基于热力图的预测模型两类。航位推算法是一个比较简单的预测算法，通过假设已知的方向和速度不变推算某时间点的位置，线性回归（LR）模型经常被用来预测用户头部轨迹，在过去几年中，已经提出了用深度神经网络解决预测问题的各种方法（参见文献［54］）。目前研究工作偏向预测更长时间范围内的 FoV，增加了 HMD 存入的未来数据量，面对带宽波动时具有了更强的鲁棒性。

用于预测的信息 $t_1 \sim t_2$ 距离预测时间点 t_3 的远近会影响预测结果，离未来预测点 t_3 越近预测结果越精准。用于预测的信息多少（$t_1 \sim t_2$ 的范围）也会影响预测结果，在一定范围内，预测信息越多，即 $t_1 \sim t_2$ 的范围越大，则预测结果越精准，但是如果 $t_1 \sim t_2$ 的范围过大会使精确度下降，因为距离预测点 t_3 过远的信息已经没有参考价值。在图 2.9 中，t_1 为预测开始时间点，那么预测范围变大，扩大的是接近预测点 t_3 的内容随着预测结束点 t_2 的变大，预测结果传输时间 $t_2 \sim t_3$ 会变小，进而会影响 t_3 点处接收到的数据量，影响用户体验质量。

总之，FoV 预测是 VR 视频流传输减少时延的常用、有效技术，预测的实现有简单或者复杂的方法，在预测时间上的选择也会影响预测结果。

2.3.4　优化问题求解

优化又称为数学规划，指的是从一个可行解的集合中寻找出最优的元素，或者说是研究有限资源合理分配达到最大目标的数学理论，被广泛应用于各种领域问题的解决。例如，通信领域中的多用户能量控制问题，物流领域中的路径优化问题。优化的三个重要部分是可行解集合、最优的目标、寻找方法，KKT 理论是求解优化问题常用方法。1939 年 Karush 在其硕士论文中首次提出了 KKT 条件，但当时并没有引起关注。直到 1951 年 Kuhn 和 Tucker 也发现了 KKT 条件并发表了论文才引起重视。所以最优性条件就以 Karush、Kuhn 和 Tucker 三人的名字来命名。

KKT 条件可以看作是拉格朗日乘子法的泛化，是很重要的求解最优值方法[55]。本书通过优化问题介绍拉格朗日乘子法和 KKT 条件。通常情况解优化问题可以分为三类：无约束优化问题、有等式约束的优化问题、有不等式约束的优化问题。

无约束优化问题可以如下表示：

$$\min_x f(x) \tag{2.5}$$

求解无约束优化问题一般使用 Fermat 定理，对 $f(x)$ 求导得到 $f'(x)$，令

$f'(x) = 0$ 求出候选最优值，再通过对 $f(x)$ 性质分析判断候选值是否为最优值。

有等式约束的优化问题可以如下表示：

$$\min_x f(x)$$
$$\text{s. t.} \quad h_i(x) = 0, \ i = 1, \cdots, n \tag{2.6}$$

有等式约束的优化问题一般使用拉格朗日乘子法求解最优值，即将等式约束加上一个拉格朗日乘子系数后与 $f(x)$ 构成一个拉格朗日函数，如式（2.7）所示。

$$L(x, \lambda) = f(x) + \sum_{i=1}^{n} \lambda_i h_i(x) \tag{2.7}$$

等式约束消失，等同求解无约束优化问题，对拉格朗日函数 $L(x, \lambda)$ 求导得到 $L'(x, \lambda)$，令 $L'(x, \lambda) = 0$ 求出候选最优值，再通过对拉格朗日函数 $L(x, \lambda)$ 性质分析判断候选值是否为最优值。

有不等式约束的优化问题可以如下表示：

$$\min_x f(x)$$
$$\text{s. t.} \quad g_i(x) \leqslant 0, \ i = 1, \cdots, n$$
$$h_j(x) = 0, \ j = 1, \cdots, m \tag{2.8}$$

有不等式约束的优化问题一般使用 KKT 条件求解最优值，把所有的等式约束与不等式约束构造为拉格朗日函数，再加上 KKT 条件，求解出候选最优值并判断是否为最优值。KKT 条件包括以下四个方面：

（1）原始可行性条件：$g_i(x) \leqslant 0$，$i = 1, \cdots, n$；$h_j(x) = 0$，$j = 1, \cdots, m$；保障最优解满足优化问题中的约束条件，即使得最优解应在可行解当中。

（2）对偶可行性条件：$\lambda_i \geqslant 0$，$i = 1, \cdots, n$，拉格朗日乘子取值为正，最优解的拉格朗日乘子应该大于或者等于零。

（3）互补条件：$\lambda_i g_i(x) = 0$，$i = 1, \cdots, n$，体现约束条件之间的互补作用，要求拉格朗日乘子与约束条件的乘积为零。

（4）梯度条件：要求最优解的梯度方向与约束条件的梯度方向线性无关。

使用 KKT 条件求解有不等式约束的优化问题的具体过程如下。

根据问题式（2.8）构建拉格朗日函数：

$$L(x, \lambda, \omega) = f(x) + \sum_{i=1}^{n} \lambda_i g_i(x) + \sum_{j=1}^{m} \omega_j h_j(x) \tag{2.9}$$

针对拉格朗日函数式（2.9）构建 KKT 条件：

$$g_i(x) \leqslant 0, \ i = 1, \cdots, n \ （原始可行性条件） \tag{2.10}$$

$$h_j(x) = 0, \ j = 1, \cdots, m \ （原始可行性条件） \tag{2.11}$$

$$\nabla_x \left[f(x) + \sum_{i=1}^{n} \lambda_i g_i(x) + \sum_{j=1}^{m} \omega_j h_j(x) \right] = 0 \ （梯度条件） \tag{2.12}$$

$$\lambda_i \geq 0, \ i = 1, \ \cdots, \ m \ (\text{对偶可行性条件}) \qquad (2.13)$$

$$\lambda_i g_i(x) = 0, \ i = 1, \ \cdots, \ n \ (\text{互补条件}) \qquad (2.14)$$

最优值一定是从等式中求出，所以式（2.11）、式（2.12）、式（2.14）用来求解最优 x^*。式（2.10）和式（2.13）这些不等式主要用来判断解是否可行。每个不等式约束的拉格朗日乘子系数 λ_i 都有等于零 $\lambda_i = 0$ 和不等于零 $\lambda_i \neq 0$ 两种情况，所以共要讨论 2^n 种情况。

以上为最小化优化问题（min），如果是最大化优化问题（max）会有所不同。最简单的方法是将目标函数取负值使其变成最小化函数，则可以直接使用上述求解过程。如果不对目标函数取负，则需要将不等式约束变号，即如下表示：

$$\max_x f(x)$$

$$g_i(x) \geq 0, \ i = 1, \ \cdots, \ n \qquad (2.15)$$

KKT 条件适于凸优化和非凸优化问题，但存在一些不同。优化分为凸优化和非凸优化，凸优化的目标函数是凸函数，约束是凸集，不满足两点中任意一点则为非凸优化。在非凸优化中，满足 KKT 条件的点是稳定点，其是最优解也或局部最优解，所以 KKT 条件是验证最优解的必要条件。在凸优化中，满足 KKT 条件的点是全局最优解，KKT 条件是验证最优解的充要条件。KKT 条件适用于各种领域，是求解优化问题的一把利剑。

2.4　脑电信号简述

2.4.1　脑电信号的激发及特点

大脑是所有器官中最复杂的部分，也是所有神经系统的末端。它由左右脑半球和连接两个脑半球的第三脑室前部的终板组成[55,56]。大脑表面的薄层被称为大脑皮层。左右脑半球之间的协作是通过左右脑半球之间连接的巨大纤维来实现[57]。大脑半球表面凹凸不平，覆盖着不同的脑沟。在每个大脑半球的背侧都有斜沟，称为外侧裂。这些沟和裂缝将每个脑半球分成四个裂片[58]。额叶位于中央沟和外侧裂的上方，是四个裂片中最大的一个，约占大脑半球的三分之一。外侧裂的下面是颞叶。顶叶位于中央沟后外侧裂上方。在顶叶和颞叶之后，小脑上方称为枕叶。在大脑的每个区域都有丰富的神经元和各种神经中枢。因此，每个脑区控制不同的任务功能，形成大脑皮层的分区功能结构。大脑皮层的各个区域分布图如图 2.10 所示[59]。

脑电信号是大脑皮层所有神经元突触电位活动的综合，是按时间顺序记录大脑神经元自发性和节律性运动所产生的电位信号[60]。可以通过放置在头皮上的电极提取脑细胞的电活动，然后通过脑电信号传感器进行放大，得到具有一定波

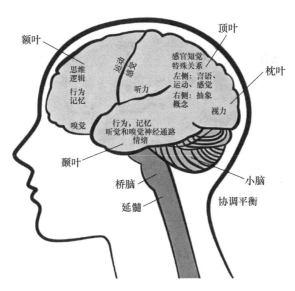

图 2.10　大脑皮层的各个区域分布图

形、幅度、频率和相位的信号[61]，不仅能反映大脑皮层表面神经元的活动，还能反映中枢神经系统的功能状态。脑电信号是人类认知领域的重要组成部分，直观地反映了人类的生物学特性[62]。一般情况下，不同心理状态甚至情绪的细微变化都会直接反映在脑电信号中，因此脑电信号能够实时客观地反映出人体的情感变化，它广泛应用于情感识别研究和应用领域[63]。

脑电信号具有高时间分辨率的特点，表现出由多个重要频带组成不同节律的特性，提供了对大脑活动状态的理解，并且其变化与个体的认知、情绪、睡眠以及神经系统疾病等状态密切相关。因此，通过分析脑电信号的频带特征，可以深入了解大脑活动及其相关功能。其中，不同节律主要分为五个频带[64]，各频带频率及对应的人体状态如表 2.1 所示。

表 2.1　各频带频率及对应的人体状态

大脑频带种类		振幅	频率/Hz	情感意识
Delta(δ)		20~200	0.1~4	放松、安静、休息以及深度睡眠
Theta(θ)		100~150	4~8	轻度睡眠、平静、无压力
Alpha(α)		20~100	8~14	内心宁静、闭目养神
Beta(β)	低频带	5~30	14~17	警觉、认知活动状态
	中频带		17~20	集中注意力、处理复杂任务
	高频带		20~31	紧张、不安
Gamma(γ)		<2	31~100（一般在 40）	专注、学习、兴奋

2.4.2　脑电信号数据采集

　　根据可植入与否，脑电信号可以分为可植入脑电信号和不可植入脑电信号。其中可植入脑电信号采集设备有深层脑电设备（Intracranial EEG，iEEG Systems），这类设备将电极直接植入到大脑组织中，通常在癫痫手术等临床场景中使用[65]。通过直接接触脑组织，可以记录到更深层次的神经活动信号。不可植入脑电信号采集设备主要包括脑电耳机和脑电帽等[66]，脑电耳机（EEG Headphones）结合了耳机和脑电采集功能，通常具有少量的电极，主要用于一些简单的应用场景，如基本的脑电信号监测和简单的脑机接口技术。脑电帽（EEG Cap）由多个电极组成，覆盖头皮的不同区域。脑电帽具有高密度布置电极、非侵入性、易用性和快速安装、适用于多种应用以及实时监测能力，广泛应用于神经科学研究和临床诊断等领域，图2.11所示为使用脑电帽采集脑电信号。

图2.11　脑电帽采集脑电信号

　　利用脑电帽对脑电信号进行采集的过程中，电极的位置由于不同受试者的脑部形状会有微小的差异。为了消除个体的差异性，国际脑电学会统一研究提出了各级导联系统，目前主流的研究一般使用国际标准10-20导联系统[67]。该电极位置系统根据电极采集的使用通道数量不同又分为62导、32导、16导等。图2.12为32导导联系统电极采集点的位置分布图[68]。

　　32导导联系统通过32个电极覆盖头皮上特定位置，包括前额区、额区、中央区、顶区、枕区、颞区、枕-颞区和后头区。每个区域有多个电极覆盖，以监测大脑各个区域的活动。根据采集点中数字的奇偶性来划分左右半脑，同时使用

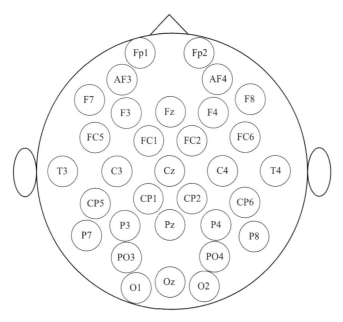

图 2.12　32 导导联系统电极采集点的位置分布图

不同的字母来表示大脑的不同区域，F、P、O、T 四个字母代表了四个区域。该导联系统提供了详细和全面的脑电信号信息，有助于研究人员理解大脑活动的模式和特征，为神经科学研究和情感识别提供重要支持。

2.5　面向 VR 视频的脑电情感分析

2.5.1　情感的定义

人类情感是一种复杂的生理和心理现象，缺乏明确的定义。它与人的精神状态、情绪和感知等现象有着密切的联系，由生理、心理和社会因素组成[69]。从生理角度来看，情感可以被视为一种生理过程，涉及大脑、神经系统和激素水平的调节。例如，情感的产生和表达与大脑中特定区域的活动有关，如扁桃体和前额叶皮层等[70]。此外，神经递质的释放和激素水平的变化也可能影响情感的体验和表达。从心理角度来看，情感是个体对内外部刺激的主观体验和反应。这包括对环境、人际关系、事件等的感受、态度和情绪体验。情感可以被视为个体对所处情境的心理反应，如愉快、悲伤、愤怒、恐惧等不同情绪状态[71]。从社会因素角度来看，情感的表达和体验也受到社会和文化的影响。不同的文化背景塑造了个体对情感的认知、表达方式和对情感的接受程度的不同。社会因素如家庭环境、社交互动和文化传统等也会影响个体情感的形成和表达方式的建立。

虽然情绪的定义尚未统一，但神经科学和认知科学的结果表明，情绪与大脑皮层的活动高度相关，这为大脑皮层活动分析和识别人类情绪状态的研究提供了理论基础。

2.5.2 情感模型理论

情感模型理论是心理学和认知科学领域中的一个重要理论，用来解释个体是如何感知、表达和体验情感的。如前文所述，情感是一种复杂的生理和心理现象，定义尚未统一。为了更好地理解情感的本质和表达方式，从离散和连续两个角度来分析情感模型理论。其中，在离散的情感模型中，情感被视为一组离散的、不可分割的基本情绪构成。最经典的离散情感模型是詹姆逊[72]提出了情感是生物进化的产物，是身体对外界刺激的反应。他认为情感不是由思考产生的，而是由身体对刺激的反应产生的；普拉特[73]的情感论，认为情感可以被归为八个基本情感：喜悦、悲伤、恐惧、愤怒、惊讶、厌恶、期待和信任。这些情感构成了一个圆形的结构，相邻情感之间具有相对性和对立性。

在连续的情感模型中，情感被认为是一个连续的、多维的空间，情感之间存在着连续的变化和关系。最经典的包括 Russell[74] 和 Lang[75] 提出的 VAD（Valence-Arousal-Dominance）和 VA（Valence-Arousal）情感模型，两者都是基于连续情感空间的理论，旨在描述情感的基本特征和维度。VA 情感模型简化了情感空间，主要包含效价（Valence）和唤起度（Arousal）两个维度，用来表示情感的正负性和活跃程度。VAD 情感模型在 VA 模型的基础上增加了一个维度：支配度（Dominance），用来表示情感的控制程度或主导性。由于 VA 情感模型可以直观地体现情感的变化过程，是目前主流的情感模型，在情感识别等领域得到了广泛的应用，具体模型如图 2.13 所示。横坐标代表效价，从左到右表示效价由低到高；纵坐标由下到上表示唤醒度由高到低。该模型将情感大致分为四个区域，不同区域代表了不同的情感状态。

2.5.3 情感的诱发

在面向虚拟现实场景评价的脑电信号情感识别系统中，通过激发用户的脑电情感信号来获取识别信号数据。其中，情绪刺激可以通过外部刺激和内部自身诱发来实现。内部自身诱发是指用户自身产生于个体内部因素所引发的现象，如内在想法、回忆、情绪状态或生理反应等。对于前者，大多数研究者主要利用图像、音乐、视频等素材进行诱发，以下是不同情感诱发方式的详细介绍。

（1）图像诱发：图像中的色彩和构图直接影响情绪，如明亮色彩可引发愉悦，不对称构图可能带来不安感；图像主题和内容会激发观者情感，美丽风景带来放松，恐怖场景可能造成焦虑；人物表情和场景传递情感，如笑容带来幸福，

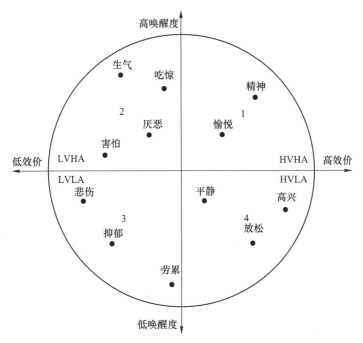

图 2.13　唤醒度-效价情感模型示意图

哭泣引发悲伤，但是利用图像诱发的情感持续时间都很短暂。

（2）音乐诱发：音乐的节奏影响情绪，快节奏带来兴奋，缓慢节奏引发放松感；音乐的旋律影响情感体验，美妙旋律引发愉悦，不和谐音乐可能带来不适感；歌词内容影响情绪，表达爱情带来温暖，表达挣扎引发沮丧。由于音乐对情感诱发的强度太低，如果受试者对音乐不敏感，很难采集到脑电数据。

（3）视频诱发：视频视觉效果增强情感体验，震撼特效带来紧张感，柔和视角可能带来舒适感；视频情节激发情感，吸引人情节增加紧张感，感人故事引发感动。音效和配乐：视频音效和配乐加强情感体验，惊悚音效增加恐惧感，浪漫配乐带来幸福感。该方式诱发持续时间较长并且效果明显，但容易受受试者专注状态影响。

（4）VR 沉浸式场景诱发：虚拟现实技术通过创造沉浸式的三维环境能够有效诱发用户的情感反应。利用其可控的虚拟空间，VR 能够安全且精确地模拟各种真实或虚构场景，以调动用户的视觉、听觉等感官，从而激发特定的情绪体验。在进行心理研究、情感分析和治疗应用时，其可重复性、个性化体验和安全性等特点是不可替代的优势。在 VR 沉浸体验中，可以连续并且实时地采集用户的生理数据和行为反应，提供情感状态的直接证据，并用于情感识别的研究和应用。本书在面向 VR 场景评价机制系统研究中，采用 VR 沉浸式场景诱发用户的情感。

2.5.4　DEAP 情感数据集

DEAP 公开数据集[76]是用于分析人类情感状态的多模态数据集，由 Koelstra 等人提出。该数据集包含来自 32 位健康受试者（18~40 岁，平均年龄为 25.81 岁，标准差为 4.60 岁）的数据，其中 16 位为女性，16 位为男性。受试者观看 40 部音乐视频，每部视频时长 63 s，前 3 s 为放松状态下的基线信号，后 60 s 用来诱发受试者的情感信号。同时，获得 32 个通道的脑电记录、周边生理信号和正面脸视频。观看的视频可引发受试者高效价/高唤醒度、高效价/低唤醒度、低唤醒度/高唤醒度、低效价/低唤醒度四种情绪中的一种。脑电数据经平均参考、下采样至 256 Hz、高通滤波至 2 Hz 截止频率处理，DEAP 数据集采集情况如表 2.2 所示。在本书中，效价和唤醒水平的识别被视为两个独立的二元分类任务。

表 2.2　DEAP 数据集详细情况

项　　目	DEAP
受试者数量	32 人
实验次数	40 实验/人
刺激材料	音乐视频
标签	效价低唤醒度/低效价、低唤醒度/高效价、高唤醒度/低效价和高唤醒度/高效价
EEG 信号	32 通道
采样率	512 Hz
EEG 预处理	1. 数据降采样至 256 Hz； 2. 去除 EOG（眼点）伪迹干扰； 3. 经过 4.0~45.0 Hz 带通滤波； 4. 数据被切分为 63 s（一段），其中前 3 s 是实验开始前的基线数据，后 60 s 是实验过程中记录的数据； 5. 其他

DEAP 数据经过预处理后被封装成 .dat 和 .mat 两种文件夹格式，这两种脑电数据文件均包含 32 个受试者每人观看 40 个视频采集到的数据，每个视频采用 40 个电极采集。标签对应 40 个视频的四种不同的情感状态，该数据集归纳在表 2.3 中。

表 2.3　DEAP 数据集格式

数据名称	数据格式	数据内容
信号数据	40×40×8064	视频/通道/信号长度
标签	40×4	视频/标签

3 面向无人机采样的大规模场景光场采样与重建

3.1 大规模场景下空中光场的最小采样率和重构滤波器计算

3.1.1 空中光场的模型定义及参数化

图 3.1 为无人机采样时状态的全面描述。图 3.1（a）所示为一般情况下无人机采样的状态模型示意图。参考一般的姿态估计参数化方法来表示无人机采样的状态[77]，无人机在真实场景中的采样状态参数可表示如下：

$$H = [X, Y, Z, C_x, C_y, C_z, W_x, W_y, W_z, \varphi] \tag{3.1}$$

式中，X、Y、Z 为无人机在空间中的坐标位置；C_x、C_y 和 C_z 为无人机在空中飞行时分别沿着三维空间中三个坐标轴 x 轴、y 轴、z 轴的飞行速度。除此之外，无人机采样状态参数还与无人机自身的飞行旋转角速度有关，式中的 W_x、W_y 和 W_z 为无人机采样时的角速度。

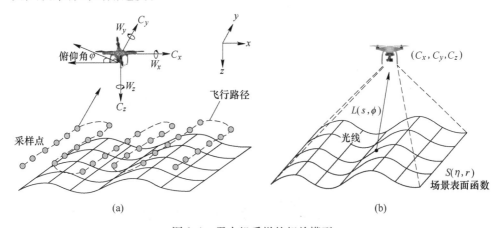

图 3.1 无人机采样的相关模型
（a）无人机采样特征模型示意图；（b）无人机采样场景表面光线示意图

如图 3.1（a）所示，除了无人机的飞行路径和采样点之外，无人机采样时飞行的线速度、角速度和机载相机的俯仰角都是显著影响无人机采样质量的关键因素。图 3.1（b）中场景表面函数用 $S(\eta, r)$ 表示，表面光场信号用 $L(s, \phi)$ 表示，初步给出了无人机采样时的场景表面光线示意图，在一定的观察方向上从场景表面 $S(\eta, r)$ 发出的信号 $L(s, \phi)$ 被无人机采集，其中 ϕ 表示光线的强度。

　　为使后续参数化更加简洁，无人机采样过程将通过捕获从场景发出的一组光线来解释。首先，使用经典光场双平面模型[78]结合无人机采样特性得到的三维无人机空中光场采样示意图，如图 3.2 所示。

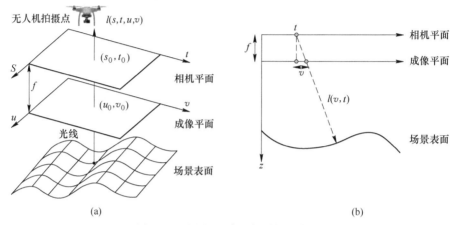

(a)　　　　　　　　　　　　　　　　　　(b)

图 3.2　无人机空中光场采样示意图

（a）结合光场双平面模型的无人机空中光场采样 3D 模型；（b）2D 空中光场采样简化图

　　接着考虑无人机采样动态性的问题，将无人机空中光场采样模型表示为如图 3.3 所示的空中光场采样方式，选取两个点作为代表，表示不同位置下无人机采样的状态。

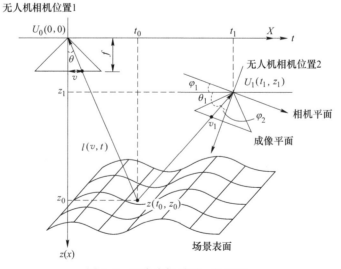

图 3.3　空中光场采样一般模型

根据上述设定，可以得到与后续频谱推导相关的重要关系式。与参数角度 θ 相关的 $\tan\theta$ 表达式表示如下：

$$\tan\theta = \frac{t_1}{z_0} - \frac{z_1 - z_0}{z_0 \tan\theta_1} \tag{3.2}$$

光线与成像平面的交点距初始状态 U_0 下的无人机相机中轴点的距离 v 可计算为：

$$v = f\tan\theta = f\left(\left(t_1 - \frac{z_1 - z_0}{\tan\theta_1}\right)\Big/ z_0\right) = \frac{z_0 - z_1}{z_0 \tan\theta_1}f + \frac{f}{z_0}t_1 \tag{3.3}$$

进一步分析可知，其中与参数角度 θ_1 相关的 $\tan\theta_1$ 可表示为：

$$v = f\tan\theta = f\left(\left(t_1 - \frac{z_1 - z_0}{\tan\theta_1}\right)\Big/ z_0\right) = \frac{z_0 - z_1}{z_0 \tan\theta_1}f + \frac{f}{z_0}t_1 \tag{3.4}$$

式中，φ_1 为俯仰角；φ_2 为下视角。都视为无人机空中光场采样时的俯仰角相关参数。再将式（3.4）代入光线在初始状态处的成像平面上的像素位置 v 中可得到下式：

$$v = \frac{z_1 - z_0}{z_0} \cdot \frac{\tan\varphi_1 + \tan\varphi_2}{1 - \tan\varphi_1\tan\varphi_2} \cdot f + \frac{f}{z_0}t_1 \tag{3.5}$$

3.1.2 基于傅里叶理论的空中光场频谱分析

在这一节中，利用表面空中光场和傅里叶变换理论来推导场景表面上空中光场的表达式。假设场景表面为一个朗伯表面，这意味着无论无人机相机的拍摄视角如何，从场景物体表面发出的光线 $l(v, t)$ 对于无人机相机来说都是相同的。基于以上假设，可以得到以下过程：

$$\begin{aligned}
l(v_1, t_1) = l(f\tan\varphi_2, t_1) &= l(v, 0) = l(f\tan\theta, 0)\\
&= l\left(\frac{z_0 - z_1}{z_0} \cdot \frac{\tan\varphi_1 + \tan\varphi_2}{1 - \tan\varphi_1\tan\varphi_2} \cdot f + \frac{f}{z_0}t_1, 0\right)
\end{aligned} \tag{3.6}$$

在真实的采样过程中，无人机采样的飞行路径将遵循前面提到的短距离均匀直线，忽略无人机相机位置 2 处 $U_1(t_1, z_1)$ 的垂直高度变化参数 z_1，即令 $z_1 = 0$，得到 $z_0 = z_1$。设焦距参数 f 为 1，则空中光场 $L(\Omega_v, \Omega_t)$ 具有以下推导过程：

$$\begin{aligned}
L(\Omega_v, \Omega_t) &= \int_{-\infty}^{\infty}\int_{-\infty}^{\infty} l(v, t)\,\mathrm{e}^{-\mathrm{j}(\Omega_v v + \Omega_t t)}\,\mathrm{d}v\mathrm{d}t\\
&= \int_{-\infty}^{\infty}\int_{-\infty}^{\infty} l(v, 0)\,\mathrm{e}^{-\mathrm{j}(\Omega_v v + \Omega_t t)}\,\mathrm{d}v\mathrm{d}t\\
&= \int_{-\infty}^{\infty}\int_{-\infty}^{\infty} l\left(\frac{\tan\varphi_1 + \tan\varphi_2}{1 - \tan\varphi_1\tan\varphi_2} + \frac{t_1}{z_0}, 0\right) \cdot \mathrm{e}^{-\mathrm{j}(\Omega_v v + \Omega_t t)}\,\mathrm{d}v\mathrm{d}t\\
&= \int_{-\infty}^{\infty} l\left(\frac{1}{z_0} \cdot t, 0\right)\mathrm{e}^{-\mathrm{j}\Omega_t t}\mathrm{d}t \int_{-\infty}^{\infty} \mathrm{e}^{-\mathrm{j}\Omega_t\left(\frac{\tan\varphi_1 + \tan\varphi_2}{1 - \tan\varphi_1\tan\varphi_2}\right)} \cdot \mathrm{e}^{-\mathrm{j}(\Omega_v v)}\,\mathrm{d}v\\
&= 2\pi z_0 L'(z_0 \cdot \Omega_t) \cdot F\left[\mathrm{e}^{-\mathrm{j}\left(\frac{\tan\varphi_1 + \tan\varphi_2}{\tan\varphi_1\tan\varphi_2 - 1}\right)\Omega_t}\right]
\end{aligned}$$

$$= 2\pi z_0 L'(z_0 \cdot \varOmega_t) \cdot F\left[\,\mathrm{e}^{\mathrm{j}[\,\tan(\varphi_1+\varphi_2)\,]\varOmega_t}\,\right] \tag{3.7}$$

式中，$L'(\varOmega_t) = \dfrac{1}{\sqrt{2\pi}} \displaystyle\int_{-\infty}^{\infty} l(t,\,0)\mathrm{e}^{-\mathrm{j}\varOmega_t t}\mathrm{d}t$；$F[\,\cdot\,]$ 为傅里叶变换函数，上述的推导过程是基于文献 [79] 中提到的假设，并从该作者提出的中间表达式的基础上导出的。根据像素位置 v 的表达式 $v = \tan(\varphi_1 + \varphi_2) + t_1/z_0$，结合空中光场采样一般模型，可以得到以下关系式：

$$\tan(\varphi_1 + \varphi_2) = v - t_1/z_0 = v - t_1 \cdot f/z_0 = v \cdot (1 - t_1/t_0) \tag{3.8}$$

为了分析空中光场的频谱结构，将以上关系式代入空中光场 $L(\varOmega_v,\,\varOmega_t)$ 的推导过程中，可进一步得到空中光场 $L(\varOmega_v,\,\varOmega_t)$ 的另一种表达方式。对无人机拍摄时的采样倾斜角度进行分析，可以将俯仰角 φ_1，下视角 φ_2 之和视作一个整体的俯仰角 ψ，设 $\psi = \varphi_1 + \varphi_2$，则可得到：

$$
\begin{aligned}
L(\varOmega_v,\,\varOmega_t) &= \int_{-\infty}^{\infty} l\left(\frac{1}{z_0}\cdot t,\,0\right)\mathrm{e}^{-\mathrm{j}\varOmega_t t}\mathrm{d}t \int_{-\infty}^{\infty} \mathrm{e}^{\mathrm{j}\varOmega_t \tan(\varphi_1+\varphi_2)} \cdot \mathrm{e}^{-\mathrm{j}\varOmega_v v}\mathrm{d}v \\
&= \int_{-\infty}^{\infty} l\left(\frac{1}{z_0}\cdot t,\,0\right)\mathrm{e}^{-\mathrm{j}\varOmega_t t}\mathrm{d}t \int_{-\infty}^{\infty} \mathrm{e}^{\mathrm{j}\varOmega_t\psi\left(1-\frac{t_1}{t_0}\right)} \cdot \mathrm{e}^{-\mathrm{j}\varOmega_v v}\mathrm{d}v \\
&= \int_{-\infty}^{\infty} l\left(\frac{1}{z_0}\cdot t,\,0\right)\mathrm{e}^{-\mathrm{j}\varOmega_t t}\mathrm{d}t \int_{-\infty}^{\infty} \mathrm{e}^{-\mathrm{j}\left(\varOmega_v - \varOmega_t\left(1-\frac{t_1}{t_0}\right)\right)v}\mathrm{d}v \\
&= 2\pi z_0 L'(z_0 \cdot \varOmega_t) \cdot \delta\left(\varOmega_v - \varOmega_t\left(1 - \frac{t_1}{t_0}\right)\right) \\
&= 2\pi z_0 L'(z_0 \cdot \varOmega_t) \cdot \delta(\varOmega_v - \lambda\tan\psi \cdot \varOmega_t) \tag{3.9}
\end{aligned}
$$

式中，$\delta(\,\cdot\,)$ 为脉冲函数，令 $\lambda = [-(z_0 - z_1)/z_0] \cdot \tan\theta$，将其视为场景深度和相机分辨率的影响因子，则空中光场的蝴蝶结型频谱结构如图 3.4 所示。

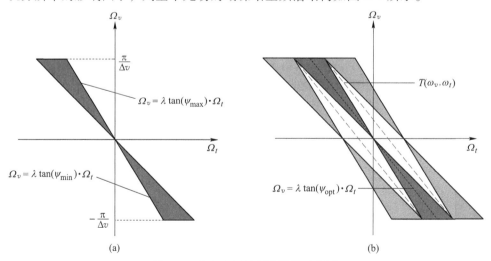

图 3.4　空中光场的频谱结构示意图

（a）受相机分辨率 Δv 影响，低通滤波后的频谱形状；（b）多次采样频谱呈现“蝴蝶结”形

在傅里叶理论的框架下进行信号分析时应充分结合场景特性等外在实际因素，而无人机采样的实际情况决定了影响因子俯仰角 ψ 的实际取值范围，现取 $[0, \psi_{max}]$。根据无人机采样特性，此处特令 $0 < \psi_{max} < \dfrac{\pi}{2}$ 代表无人机采样时的俯仰角取值范围，ψ_{max} 表示无人机采样时的最大值。结合文中给出的空中光场 $L(\Omega_v, \Omega_t)$ 的推导过程，进而得到以下所示的复杂但重要的中间推导过程：

$$2\pi \frac{z_0 t_0}{t_0 - t_1} L'(z_0 \cdot \Omega_t) \int_{-\infty}^{\infty} e^{-j\left[\Omega_v\left(\frac{t_0}{t_0-t_1}\right) - \Omega_t\right] \cdot \tan\psi} \cdot \sec^2\psi \, d\psi$$

$$= \frac{2\pi z_0 L'(z_0 \cdot \Omega_t)}{-j\left[\Omega_v - \Omega_t\left(\frac{t_0 - t_1}{t_0}\right)\right]} \int_0^{\psi_{max}} e^{-j\left[\Omega_v\left(\frac{t_0}{t_0-t_1}\right) - \Omega_t\right] \cdot \tan\psi} \cdot$$

$$d\left\{-j\left[\Omega_v\left(\frac{t_0}{t_0 - t_1}\right) - \Omega_t\right] \cdot \tan\psi\right\}$$

$$= \frac{2\pi z_0}{-j\left[\Omega_v - \Omega_t\left(\frac{t_0 - t_1}{t_0}\right)\right]} L'(z_0 \cdot \Omega_t) \left[e^{-j\left[\Omega_v\left(\frac{t_0}{t_0-t_1}\right) - \Omega_t\right] \cdot \tan\psi_{max}} - 1\right]$$

$$(3.10)$$

式（3.10）中也可以证明，除场景最大深度和最小深度等场景性状外，无人机采样时的俯仰角等采样特性也对空中光场的频谱结构有一定的影响。

为进一步得到空中光场的频谱表达式，需要对大规模场景的性状进行进一步的推理，本书针对大规模场景下的纹理特征，根据文献［6］和文献［80］，将无人机采样特点与上述文献框架相结合，场景物体表面的几何形状可以描述为：

$$P_s \begin{cases} z(x) = (x_1 - t_0)\tan\alpha - z_{min}, & t_0 \in [x_1, x_2] \\ t(s) = s \cdot \cos\alpha + x_1, & s \in [0, T] \end{cases} \tag{3.11}$$

场景表面的水平距离宽度表示为 $(x_2 - x_1)$，z_{min} 是该斜平面的最小深度，z_{max} 则为最大深度。

如图 3.5 所示，根据无人机采样时的瞬时特性，可以将一定距离内的采样模型场景表面假设为是一个最大长度为 T 的倾斜平面。由于无人机采样的大规模场景特性及无人机机载相机的超高分辨率，可以忽视有限视距的影响。因此，可以得到有关像素位置 v 的范围是：$v \in [-v_m, v_m]$，其中 v_m 是带有 FFV 的相机参数 v 的最大值。在式（3.11）及图 3.5 中，角度 α 是倾斜平面的夹角，因此还需给出以下约束条件：

$$0 \leqslant \alpha < \tan^{-1}(f/v_m) \tag{3.12}$$

接着，假设场景的纹理是实值并且具有离散频谱，则纹理信号就可以定义为复指数及其共轭的有限和，文献［6］中提到，可以将场景纹理信号初步定义为

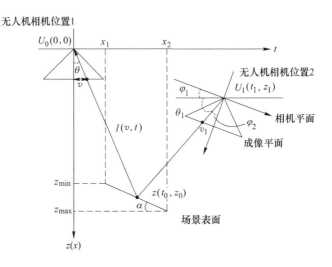

图 3.5　基于无人机采样的空中光场采样模型

以下表达式：

$$g(s) = \sum_{k=-K}^{K} \beta_k \mathrm{e}^{\mathrm{j}\omega_k s} \tag{3.13}$$

式中，β_k 为 k 次指数的系数；ω_k 为 k 次指数的频率，再令场景纹理信号的最大频率为：

$$\Omega_s = \max_k \{\omega_k\} \tag{3.14}$$

空中光场的频谱表达式 $L(\Omega_v, \Omega_t)$ 的进一步推导过程如下。首先切换纹理信号使 $l(t/z_0) = g(s)$，并且改变 $L'(z_0 \cdot \Omega_t) = 1/\sqrt{2\pi} \int_{-\infty}^{\infty} l(t/z_0) \mathrm{e}^{-\mathrm{j}\Omega_t t} \mathrm{d}t$ 的积分变量为 s，解得：

$$
\begin{aligned}
L'(z_0 \cdot \Omega_t) &= \frac{1}{\sqrt{2\pi}} \int_{-\infty}^{\infty} l\left(\frac{t}{z_0}\right) \mathrm{e}^{-\mathrm{j}\Omega_t t} \mathrm{d}t \\
&= \frac{1}{\sqrt{2\pi}} \int_0^T g(s) \cdot \mathrm{e}^{-\mathrm{j}\Omega_t (s\cos\alpha + x_1)} \mathrm{d}(s\cos\alpha + x_1) \\
&= \frac{\cos\alpha}{\sqrt{2\pi}} \int_0^T g(s) \cdot \mathrm{e}^{-\mathrm{j}\Omega_t (s\cos\alpha + x_1)} \mathrm{d}s \tag{3.15}
\end{aligned}
$$

除了式（3.13）中给出的场景纹理信号 $g(s)$ 的一般表达式，现根据场景具有的一般特性将场景纹理信号切换为 $g(s) = \cos(\Omega_s \cdot s)$，并将其代入式（3.15）则可得到空中光场频谱推导的以下过程：

$$L'(z_0 \cdot \Omega_t) = \frac{1}{\sqrt{2\pi}} \int_{-\infty}^{\infty} l\left(\frac{1}{z_0} \cdot t, \ 0\right) \mathrm{e}^{-\mathrm{j}\Omega_t t} \mathrm{d}t$$

$$= \frac{\cos\alpha}{\sqrt{2\pi}} \int_0^T g(s) \cdot \mathrm{e}^{-\mathrm{j}\Omega_t(s\cos\alpha + x_1)} \mathrm{d}s$$

$$= \frac{\cos\alpha}{\sqrt{2\pi}} \int_0^T \cos(\Omega_s \cdot s) \cdot \mathrm{e}^{-\mathrm{j}\Omega_t(s\cos\alpha + x_1)} \mathrm{d}s$$

$$= \mathrm{e}^{-\mathrm{j}\Omega_t x_1} \cdot \frac{\cos\alpha}{\sqrt{2\pi}\,\Omega_s} \int_0^T \mathrm{e}^{cs} \mathrm{d}\sin(\Omega_s \cdot s) \tag{3.16}$$

单独解 $\dfrac{1}{\Omega_s} \displaystyle\int_0^T \mathrm{e}^{cs} \mathrm{d}\sin(\Omega_s \cdot s)$，有以下过程：

$$\frac{1}{\Omega_s} \int_0^T \mathrm{e}^{cs} \mathrm{d}\sin(\Omega_s \cdot s)$$

$$= \frac{1}{\Omega_s}\left[\mathrm{e}^{cT}\sin(\Omega_s \cdot T) - c\int_0^T \sin(\Omega_s \cdot s)\mathrm{e}^{cs}\mathrm{d}s\right]$$

$$= \frac{1}{\Omega_s}\left\{\mathrm{e}^{cT}\sin(\Omega_s \cdot T) + \frac{c}{\Omega_s}\left[\mathrm{e}^{cs} \cdot \cos(\Omega_s \cdot T) - 1 - \int_0^T \cos(\Omega_s \cdot s)\mathrm{d}\mathrm{e}^{cs}\right]\right\} \tag{3.17}$$

为方便计算，设原式 $\displaystyle\int_0^T \cos(\Omega_s \cdot s)\mathrm{e}^{cs}\mathrm{d}s = X$，代入式（3.17）可得：

$$\Omega_s X = \mathrm{e}^{cT}\sin(\Omega_s \cdot T) + \frac{c}{\Omega_s}\left[\mathrm{e}^{cT} \cdot \cos(\Omega_s \cdot T) - 1 - cX\right]$$

$$X = \frac{\left[\Omega_s \sin(\Omega_s \cdot T) + c\cos(\Omega_s \cdot T)\right]\mathrm{e}^{cT} - c}{\Omega_s^2 + c^2} \tag{3.18}$$

将前文中提到的中间过程函数 $L'(\Omega_t) = \dfrac{1}{\sqrt{2\pi}} \displaystyle\int_{-\infty}^{\infty} l(t, \ 0)\mathrm{e}^{-\mathrm{j}\Omega_t t}\mathrm{d}t$ 进一步推导为：

$$L'(z_0 \cdot \Omega_t) = \frac{\mathrm{e}^{-\mathrm{j}\Omega_t x_1}\cos\alpha}{\sqrt{2\pi}} \cdot \frac{\left[\Omega_s \sin(\Omega_s \cdot T) + c\cos(\Omega_s \cdot T)\right]\mathrm{e}^{cT} - c}{\Omega_s^2 + c^2} \tag{3.19}$$

最后，空中光场频谱的一般表达式可以通过将式（3.19）代入中间推导过程式（3.10）中得到。此外，通过该表达式计算得到的空中光场频谱结构可以更好地确定大规模场景的采样和绘制方法。空中光场频谱的精确表达式如下：

$$\frac{2\pi z_0}{-\mathrm{j}\left[\Omega_v - \Omega_t\left(\dfrac{t_0 - t_1}{t_0}\right)\right]} L'(z_0 \cdot \Omega_t)\left[\mathrm{e}^{-\mathrm{j}\left[\Omega_v\left(\frac{t_0}{t_0-t_1}\right) - \Omega_t\right] \cdot \tan\psi_{\max}} - \mathrm{j}\left[\Omega_v - \Omega_t\left(\dfrac{t_0 - t_1}{t_0}\right)\right]\right]$$

$$= Re^{-\mathrm{j}\Omega_t x_1} \cdot \left[\mathrm{e}^{-\mathrm{j}\left[\Omega_v\left(\frac{t_0}{t_0-t_1}\right) - \Omega_t\right] \cdot \tan\psi_{\max}} - 1\right] \tag{3.20}$$

式中系数 R 的表达式如下：

$$R = \frac{\sqrt{2\pi}z_0\cos\alpha}{-j\left[\Omega_v - \Omega_t\left(\dfrac{t_0 - t_1}{t_0}\right)\right]} \cdot \frac{\left[\Omega_x\sin(\omega_x \cdot T) + c\cos(\Omega_x \cdot T)\right]e^{cT} - c}{\Omega_x^2 + c^2}$$

$$(3.21)$$

3.1.3　空中光场的最小采样率和重构滤波器计算

通过前文计算得到的空中光场频谱表达式，可以确定空中光场光学系统的带宽，即系统能够传输的最高频率的信号。再根据基本带宽的一般限制，可以获得空中光场的基本带宽 B_t，如下所示：

$$B_t = \left\{\omega_t: |\omega_t| \leqslant \sqrt{2 - 2\cos\left[\Omega_v\left(\frac{1}{\lambda} + \frac{\tan\psi}{z_{max}}\right)\right]}\right\}$$

$$(3.22)$$

此外，考虑了最差情况 $\Omega_v \in \left[-\dfrac{\pi}{\Delta v}, \dfrac{\pi}{\Delta v}\right]$，本书得到的抗混叠重构滤波器 $R(\omega_v, \omega_t)$ 的表达式如下所示：

$$\left\{\omega_v, \omega_t: \omega_v \in \left[-\Omega_v, \Omega_v\right], |\omega_t| \leqslant \sqrt{2 - 2\cos\left[\Omega_v\left(\frac{1}{\lambda} + \frac{\tan\psi}{z_{max}}\right)\right]}\right\}$$

$$(3.23)$$

最后，根据奈奎斯特定理，通过计算两倍的带宽可以获得最小采样率。

3.2　实　验　分　析

3.2.1　频谱结构实验

如图 3.6 所示，通过虚拟场景验证了所提出的重建滤波器的有效性。实验结果表明，影响空中光场频谱的因素不仅包括最大和最小深度，还包括无人机摄像机的俯仰角和分辨率。获得的频谱结构与图 3.4 所示的频谱结构非常一致，并局限于四边形区域，阐明了带宽和场景深度之间的关系，以及带宽和无人机摄像机分辨率之间的关系。

无人机场景样本具有特征丰富、深度差异大等特点，与小规模光场采样有显著不同。由于其空间和角度密度的增加，需要专门的设备和传感器。同时在大场景设计重构滤波器需考虑大景深和不同俯仰角的影响，如图 3.7 所示，研究了角度对空中光场信号频谱的影响。

在图 3.7 中展示了虚拟场景中不同俯仰角的实验。得到了具有不同俯仰角的朗伯场景的二维空中光场信号频谱。在保持场景深度和其他因素不变的情况

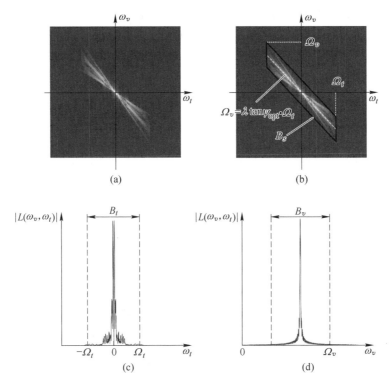

图 3.6 重建滤波器对空中光场带宽进行估计

（a）无人机光场采样信号频谱；（b）频谱带宽确定的四边形区域，由俯仰角、场景深度和
无人机摄像机的分辨率共同确定的重构滤波器；（c）沿频率 ω_t 的空中光场信号频谱切片；
（d）沿频率 ω_v 的空中光场信号频谱切片

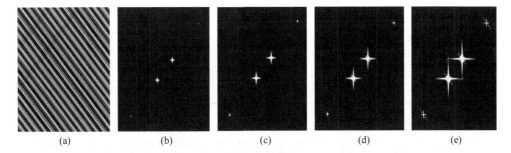

图 3.7 场景的纹理图和各种俯仰角对空中光场信号频谱影响

（a）虚拟 Lambert 场景的表面纹理；（b）俯仰角为 15°；（c）俯仰角为 30°；
（d）俯仰角为 45°；（e）俯仰角为 60°

下，分析了俯仰角对空中光场信号频谱切片的影响。可以发现，随着俯仰角的
增加，频谱的结构保持不变，但频谱的面积扩大了。无人机摄像机的俯仰角扩

展了空中光场信号频谱，在保留其基本结构的同时改变了场景的频率、清晰度和深度。通过分析频谱的二维切片，发现频谱被限制在特定区域内。可以得出，当场景深度和其他条件保持不变时，不同的俯仰角会影响频谱。该实验表明，随着俯仰角的增加，空中光场信号的频谱会扩大。在下一小节中，将使用真实场景验证。

3.2.2　室外场景实验

首先阐明光场信号频谱与俯仰角的关系。通过不同俯仰角的无人机对同一建筑物进行了采样，对比分析最大和最小深度法（MMDH）[6] 和倾斜平面闭式表达法（CESP）[84]。如图 3.8 所示，本书提出的方法可以很好地适应俯仰角的变化并产生高质量的渲染结果，而其他渲染方法会随着俯仰角的变化而产生重影和失真。

表 3.1 和表 3.2 中给出了对比方法的 PSNR（峰值信噪比）和 SSIM（结构相似指数）的平均值。

表 3.1　不同俯仰角采样同一场景新视图的 PSNR 平均值对比　　　（dB）

俯仰角度	60°	50°	40°	30°
本书提出的方法	**32.153**	**31.755**	**32.053**	**32.156**
MMDH	31.752	31.487	31.652	31.789
CESP	31.686	31.452	31.575	31.857

表 3.2　不同俯仰角采样的同一场景新视图的 SSIM 平均值对比（无量纲）

俯仰角度	60°	50°	40°	30°
本书提出的方法	**0.915**	**0.905**	**0.917**	**0.919**
MMDH	0.876	0.886	0.891	0.892
CESP	0.864	0.874	0.883	0.894

真实场景实验采用帧间估计来获取无人机每一时刻的姿态和位置信息，本书采用一种基于场景采样的自主轨迹规划系统。基于理论推导计算采样率并根据获取的带宽设计重构滤波器，如图 3.9 所示。本书提出的方法重建了具有丰富纹理信息的场景。通过确定频谱的基本带宽，获得了与无人机采样之间的最大相机分离度。为无人机图像捕获过程中实现最佳相机分离度、有效收集数据、减少混叠并改善资源分配，频谱的基本带宽至关重要，同时发现采样结果在很大程度上取决于无人机相机的姿态和当时场景的深度。

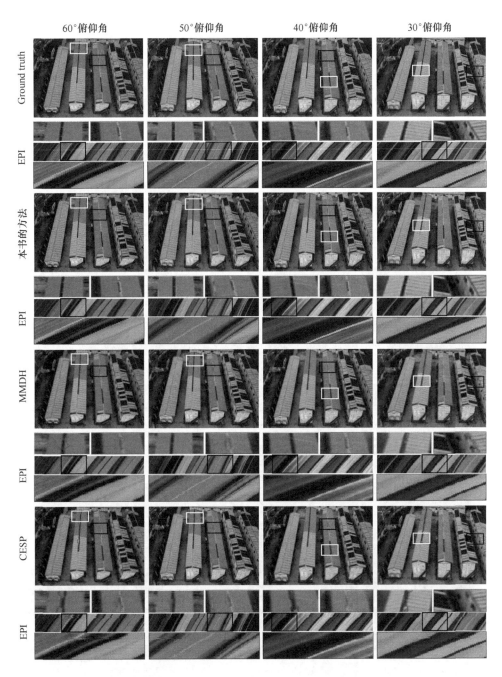

图 3.8　以 60°、50°、40°、30°等不同俯仰角对同一建筑物进行采样，俯仰角发生微小变化，新视图渲染产生失真、重影等现象

图 3.9   对具有丰富特征纹理的真实场景，EPI 的变化反映了相应方法重建视图的质量

为了保证实验的可靠性，还设计了一种帧图像选择方法，利用无人机的位置和帧间信息，可以无失真地重建大规模场景。基于无人机位置和帧间信息的帧图像选择方法可以提高航拍影像质量、减少数据量、支持三维重建、对齐任务目标、最小化障碍物并实现实时处理。为了证明方法的有效性，使用统一的俯仰角对四组具有丰富纹理信息和特殊特征的场景进行采样。一组场景中有一座深度不明显且颜色独特的寺庙，而另一组场景中有一座建筑结构复杂且深度很大的建筑。重建的视图结果表明的采样方法对这些场景是有效的。在对比实验中，强调了决定全局重建质量的场景重要细节，包括扭曲和重建阴影区域以及模糊的场景纹理。优先收集数据、使用高分辨率摄影、使用大量视图、使用基于特征的重建、集成 LiDAR、使用摄影测量、增强纹理、执行手动编辑等都是全面提高 3D 重建质量的方法。无人机难以收集准确的深度信息，尤其是精细纹理，被认为是重建质量不理想的主要原因。

为了比较渲染结果的质量，列出了每个场景的 EPI，并计算了每组实验的 PSNR 和 SSIM。这些指标的平均值如表 3.3 和表 3.4 所示。

表 3.3 不同方法和场景下新视点的 PSNR 平均值 （dB）

方 法	House	Temple	Square	大厦
本章提出的方法	**32.043**	**32.227**	**31.863**	**32.216**
MMDH（参考文献［6］的方法）	31.627	31.964	31.484	31.667
CESP（参考文献［84］的方法）	31.633	32.006	31.456	31.651

表 3.4 不同方法和场景下新视点的 SSIM 平均值 （无量纲）

方 法	House	Temple	Square	大厦
本章提出的方法	**0.912**	**0.910**	**0.906**	**0.921**
MMDH（参考文献［6］的方法）	0.894	0.892	0.890	0.906
CESP（参考文献［84］的方法）	0.876	0.888	0.875	0.897

实验还表明，本书中使用的无人机采样方法对不同场景的重建视图效果较好。本书提出的采样和渲染方法与以前的方法相比取得了显著的进步，且证明了提出的方法对各种场景的有效性。图 3.10 和图 3.11 为每组实验的 PSNR 和 SSIM 比较，从比较结果可以发现，本章构建的无人机空中光场采样方法对大规模场景非常有效，且重构效果良好。

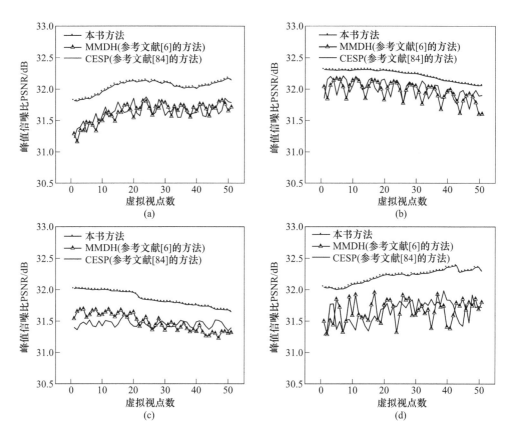

图 3.10 三种不同方法对四个场景的虚拟视图渲染的峰值信噪比 PSNR

（a）House 场景；（b）Temple 场景；（c）Square 场景；（d）大厦场景

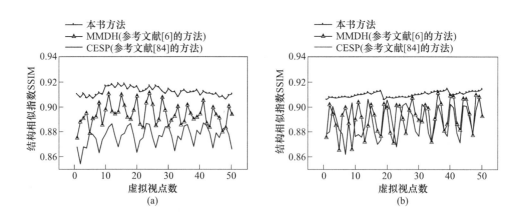

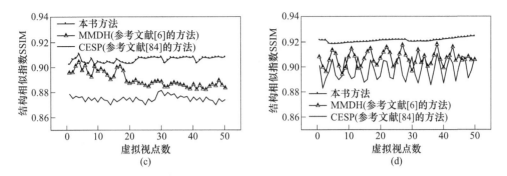

图 3.11 三种不同方法对四个场景的虚拟视图渲染的结构相似度 SSIM

（a）House 场景；（b）Temple 场景；（c）Square 场景；（d）大厦场景

4 环境影响下大场景光场采样与重建

4.1 遮挡环境下大场景光场信号采样频谱与重构研究

4.1.1 遮挡场景数学模型

参考空中光场的模型定义及参数化方法，本章引入视场（Field of View，FOV）的概念。

简单来说，视场定义了采样设备可以采集到的视觉范围的大小。视场可以根据观察方式的不同而有不同的分类。

（1）水平视场（Horizontal FOV）是指左右边界之间的视场范围；垂直视场（Vertical FOV）是指上下边界之间的视场范围。

（2）对角视场（Diagonal FOV）：从一个角落到对角线上另一个角落的视场。视场的大小通常以度（°）为单位来度量，并且通常被认为是无限的。

从理论上讲，视场被认为是无限广阔的，但考虑到实际表示和数学处理的便利，本章假定一个特定深度的平面，并将视场定义为通过该平面的有限数量光线集合，这种假定不仅简化了视场的计算和分析过程，还能够更精确地模拟和重构复杂的视觉场景。如图 4.1 所示，以空中光场模型为例，模型中一棵树对一栋红墙建筑物产生了遮挡，若无人机在不同位置对同一场景进行采样有明显的视差，这种视差确保了遮挡模型具有 3D 效果。其中，FOV 可以用锥体 $U\text{-}ABCD$ 表示，$U(x, y, z, \theta, \varphi)$ 表示相机捕获的信息，遮挡部分用锥体 $U\text{-}A'B'C'D'$ 表示，可以看出遮挡部分也是 FOV 的一部分。因此，可以建立一个遮挡程度函数 $O(x, y, z, \theta, \varphi)$ 的模型来量化遮挡的严重程度，遮挡程度函数依赖于场景表面特征信息的获取。在许多复杂的场景情况下，定量描述场景中连续和不连续的变化是比较困难的，例如图 4.2 中大树（红框）和建筑墙壁的边缘，因此遮挡的量化具有一定的挑战性。但是，根据相机配置和被遮挡物体之间的可见性，可以清楚地区分被遮挡区域和非被遮挡区域的光线。通过计算遮挡区域和非遮挡区域的光线数量，建立遮挡场数学模型来量化场景信息与遮挡对象之间的关系。在对遮挡光线进行分析的基础上，进一步建立一种针对复杂场景的遮挡信号处理架构。这样就能在频域对遮挡信号进行分析，研究遮挡的各种规律。基于遮挡场模型，可以从信号频谱分析的角度研究提高新视图渲染质量的方法。

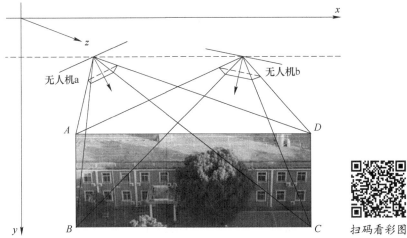

图 4.1　无人机在不同位置对同一场景采样的视差示意图

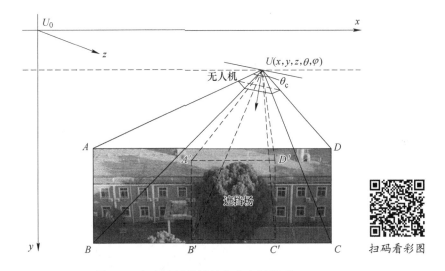

图 4.2　包含遮挡信号的空中光场模型

文献［81］中定义了基于相机的捕获场景信息渲染的新视图，其中通过补偿遮挡程度函数来提高渲染质量。参考其提出的定义，本章提出空中光场渲染表达式如下：

$$P(x, y, z, \theta, \varphi)$$
$$= \int \Phi\big[U(x, y, z, \theta, \varphi), O(x, y, z, \theta, \varphi)\big] B(x, y, z, \theta, \varphi)\,\mathrm{d}x\mathrm{d}y\mathrm{d}z\mathrm{d}\theta\mathrm{d}\varphi$$

$$(4.1)$$

式中，$P(x, y, z, \theta, \varphi)$ 为渲染后的新视图；$U(x, y, z, \theta, \varphi)$ 为无人机捕获的场景信息；$\Phi(\cdot)$ 为按一定关系实现的补偿函数；$B(\cdot)$ 为渲染核函数。函数 $O(x, y, z, \theta, \varphi)$ 为无人机获取的场景中的遮挡程度，结合前文将场景信息抽象化为光线集合的思想和微积分思想，其被计算为遮挡场和视场的体积比。因此 $O(x, y, z, \theta, \varphi)$ 的表达式如下：

$$O(x, y, z, \theta, \varphi) = \beta \frac{V_O(x, y, z, \theta, \varphi)}{V_F(x, y, z, \theta, \varphi)} \tag{4.2}$$

式中，β 是由无人机的视场 FOV 决定的，$V_F(x, y, z, \theta, \varphi)$ 和 $V_O(x, y, z, \theta, \varphi)$ 分别为锥体 $U\text{-}ABCD$ 和锥体 $U\text{-}A'B'C'D'$ 的体积。基于这一理论，建立一个空中光场遮挡信号模型。为提高计算效率，降低遮挡量化表达式的复杂度，本节根据非结构化光场原理[82]对五维遮挡程度函数进一步简化，由此空中光场遮挡信号模型（图4.2）可以简化为二维表示的空中光场遮挡信号模型，如图4.3所示。选择位置参数 (x, z) 和一个俯仰角 φ，于是五维全光函数被简化为三维全光函数，因此表达式（4.1）简化如下：

$$P(x, z, \varphi) = \int \Phi[U(x, z, \varphi), O(x, z, \varphi)] \cdot B(x, z, \varphi) \mathrm{d}x\mathrm{d}z\mathrm{d}\varphi \tag{4.3}$$

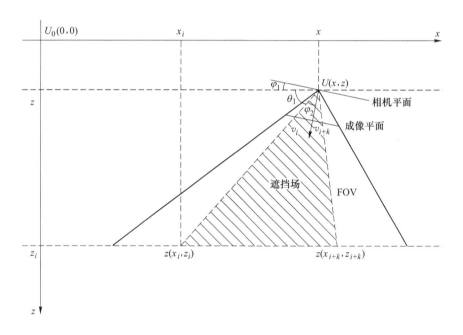

图4.3　二维表示的空中光场遮挡信号模型

此时遮挡程度可以表示为遮挡场的面积与视场 FOV 的光线数量之比，而由图4.3可知，这一比值可以进一步简化为光线在无人机成像平面的焦点距无人机相机初始中轴线的距离 v 与成像平面最大像素的比值。

首先要对 v 进行量化，当无人机在二维模型空间中的坐标为 (x, z)，俯仰角为 φ_1 时，下视角 φ_2 可以用俯仰角 φ_1 以及角 θ_1 表示：

$$\tan\varphi_2 = \tan\left[90° - (\varphi_1 + \theta_1)\right] = \frac{1 - \tan\varphi_1\tan\theta_1}{\tan\varphi_1 + \tan\theta_1} \tag{4.4}$$

对 θ_1 进行代换得到 φ_1 与 φ_2 的关系表达式为：

$$\tan\varphi_2 = \frac{1 - \tan\varphi_1\left(\dfrac{z_i - z}{x - x_i}\right)}{\tan\varphi_1 + \dfrac{z_i - z}{x - x_i}} = \frac{\cos\varphi_1(x - x_i) + \sin\varphi_1(z - z_i)}{\sin\varphi_1(x - x_i) + \cos\varphi_1(z_i - z)} \tag{4.5}$$

式中，φ_1 与 φ_2 为无人机空中光场采样时的俯仰角相关参数。光线与成像平面的交点距初始状态下的无人机相机中轴点的距离 v 可计算为：

$$v = f\tan\varphi_2 = f\left[\frac{\cos\varphi_1(x - x_i) + \sin\varphi_1(z - z_i)}{\sin\varphi_1(x - x_i) + \cos\varphi_1(z_i - z)}\right] \tag{4.6}$$

式中，f 为无人机相机的焦距，即成像平面和相机平面的距离。根据以上推导可以发现，映射距离 v 可以分别由 φ_1 与 φ_2 唯一表示，遮挡函数 $O(x, z, \varphi)$ 可以转化为 $O(x, z, v)$，并且表示如下：

$$O(x, z, v) = \beta\frac{K(x, z, v)}{N(x, z, v)} \approx \beta\frac{|v_{i+k} - v_i|}{2v_m} \tag{4.7}$$

式中，$K(x, z, v)$ 和 $N(x, z, v)$ 分别为视场和遮挡场的光线数量，可以简化为映射在成像平面的像素比。成像平面的最大像素被表示为 v_m，并且 v_m 可以通过无人机相机的最大视角 θ_c 表示：

$$v_m = f\tan\frac{\theta_c}{2} \tag{4.8}$$

将式（4.6）代入式（4.7）中得到最终的遮挡程度表达式：

$$\begin{aligned}
O(x, z, v) &= \beta\frac{|v_{i+k} - v_i|}{2f\tan\dfrac{\theta_c}{2}} \\
&= \frac{\beta}{2f\tan\dfrac{\theta_c}{2}}\left|\frac{f\cos\varphi_1(x - x_i) + f\sin\varphi_1(z - z_i)}{\sin\varphi_1(x - x_i) + \cos\varphi_1(z_i - z)} - \right. \\
&\quad \left.\frac{f\cos\varphi_1(x - x_{i+k}) + f\sin\varphi_1(z - z_{i+k})}{\sin\varphi_1(x - x_{i+k}) + \cos\varphi_1(z_{i+k} - z)}\right|
\end{aligned} \tag{4.9}$$

4.1.2 遮挡信号频谱分析

利用傅里叶变换可以研究和理解空中光场数据的频域特性。光场数据包含了关于场景中光的强度和方向信息，表达了在不同位置和角度捕获的光线集合。而傅里叶理论，特别是傅里叶变换提供了一种将时域（或空间域）信号转换到频域的方法，能够分析遮挡信号的频率成分。

对遮挡信号采样模型进行频谱变换可以分析遮挡对信号的影响，对遮挡函数进行傅里叶变换可得：

$$O(\omega_x, \omega_z, \omega_v) = \int_{-\infty}^{\infty} \int_{-\infty}^{\infty} \int_{-\infty}^{\infty} O(x, z, v) \times \exp[-\mathrm{j}(\omega_x x + \omega_z z + \omega_v v)] \mathrm{d}x\mathrm{d}z\mathrm{d}v$$

$$(4.10)$$

为了方便计算，令 $E = \exp[-\mathrm{j}(\omega_x x + \omega_z z + \omega_v v)]$，将式（4.9）代入式（4.10）得到：

$$
\begin{aligned}
&O(\omega_x, \omega_z, \omega_v) \\
&= \int_{-\infty}^{\infty} \int_{-\infty}^{\infty} \int_{-\infty}^{\infty} \frac{\beta E}{2f\tan\dfrac{\theta_c}{2}} \left(\frac{f\cos\varphi_1(x-x_i) + f\sin\varphi_1(z-z_i)}{\sin\varphi_1(x-x_i) + \cos\varphi_1(z_i-z)} - \right. \\
&\quad \left. \frac{f\cos\varphi_1(x-x_{i+k}) + f\sin\varphi_1(z-z_{i+k})}{\sin\varphi_1(x-x_{i+k}) + \cos\varphi_1(z_{i+k}-z)} \right) \mathrm{d}x\mathrm{d}z\mathrm{d}v \\
&= \frac{\beta}{2f\tan\dfrac{\theta_c}{2}} \left[\iiint \frac{f\cos\varphi_1(x-x_i) + f\sin\varphi_1(z-z_i)}{\sin\varphi_1(x-x_i) + \cos\varphi_1(z_i-z)} E \mathrm{d}x\mathrm{d}z\mathrm{d}v - \right. \\
&\quad \left. \iiint \frac{f\cos\varphi_1(x-x_{i+k}) + f\sin\varphi_1(z-z_{i+k})}{\sin\varphi_1(x-x_{i+k}) + \cos\varphi_1(z_{i+k}-z)} E \mathrm{d}x\mathrm{d}z\mathrm{d}v \right]
\end{aligned}
$$

$$(4.11)$$

根据微积分的性质，可以将式（4.11）分解为两个三重积分，其中第一个三重积分又可以被分为四个三重积分。

$$
\begin{aligned}
&\iiint \frac{f\cos\varphi_1(x-x_i) + f\sin\varphi_1(z-z_i)}{\sin\varphi_1(x-x_i) + \cos\varphi_1(z_i-z)} E \mathrm{d}x\mathrm{d}z\mathrm{d}v \\
&= \iiint \frac{Ef\cos\varphi_1 x}{\sin\varphi_1(x-x_i) + \cos\varphi_1(z_i-z)} \mathrm{d}x\mathrm{d}z\mathrm{d}v - \iiint \frac{Ef\cos\varphi_1 x_i}{\sin\varphi_1(x-x_i) + \cos\varphi_1(z_i-z)} \mathrm{d}x\mathrm{d}z\mathrm{d}v + \\
&\quad \iiint \frac{Ef\sin\varphi_1 z}{\sin\varphi_1(x-x_i) + \cos\varphi_1(z_i-z)} \mathrm{d}x\mathrm{d}z\mathrm{d}v - \iiint \frac{Ef\sin\varphi_1 z_i}{\sin\varphi_1(x-x_i) + \cos\varphi_1(z_i-z)} \mathrm{d}x\mathrm{d}z\mathrm{d}v
\end{aligned}
$$

$$(4.12)$$

式（4.12）的其中一部分有如下推导：

$$
\begin{aligned}
&\iiint \frac{f\cos\varphi_1 x_i}{\sin\varphi_1(x-x_i) + \cos\varphi_1(z_i-z)} E \mathrm{d}x\mathrm{d}z\mathrm{d}v \\
&= \iint \exp(-\mathrm{j}\omega_z z - \mathrm{j}\omega_v v) \int_{-\infty}^{\infty} \frac{\exp(-\mathrm{j}\omega_x x)f\cos\varphi_1 x_i}{\sin\varphi_1(x-x_i) + \cos\varphi_1(z_i-z)} \mathrm{d}x\mathrm{d}z\mathrm{d}v \quad (4.13)
\end{aligned}
$$

根据傅里叶变换的对称性原理 $\dfrac{1}{\sqrt{2\pi}}\displaystyle\int_{-\infty}^{\infty}\dfrac{2}{\pi t}\mathrm{e}^{\mathrm{j}\omega t}\mathrm{d}t=-\mathrm{i}\sqrt{\dfrac{2}{\pi}}\mathrm{sgn}(\omega)$ ，可得：

$$\int_{-\infty}^{\infty}\frac{1}{t}\mathrm{e}^{\mathrm{j}\omega t}\mathrm{d}t=-\mathrm{i}\pi\mathrm{sgn}(\omega) \tag{4.14}$$

式中，$\mathrm{sgn}(\omega)$ 为阶跃函数，有 $\mathrm{sgn}(\omega)=\begin{cases}1 & \omega\leqslant 0\\-1 & \omega>0\end{cases}$。于是经过一系列变换推导，式 (4.13) 中对 x 积分的部分有如下表示：

$$\int\frac{\exp(-\mathrm{j}\omega_x x)f\cos\varphi_1 x_i}{\sin\varphi_1(x-x_i)+\cos\varphi_1(z_i-z)}\mathrm{d}x$$

$$=-\mathrm{j}\pi\mathrm{sgn}(\omega_x)\frac{f\cos\varphi_1 x_i}{\sin\varphi_1}\exp\left(\mathrm{j}\omega_x\left(\frac{\cos\varphi_1(z_i-z)-x_i\sin\varphi_1}{\sin\varphi_1}\right)\right) \tag{4.15}$$

故式 (4.15) 变换为：

$$-\mathrm{j}\pi\mathrm{sgn}(\omega_x)\frac{f\cos\varphi_1}{\sin\varphi_1}\exp(-\mathrm{j}\omega_z z-\mathrm{j}\omega_v v)\iint\exp\left(\mathrm{j}\omega_x\left(\frac{\cos\varphi_1(z_i-z)-x_i\sin\varphi_1}{\sin\varphi_1}\right)\right)\mathrm{d}z\mathrm{d}v$$

$$=-\mathrm{j}\pi\mathrm{sgn}(\omega_x)fx_i\int\frac{\cos\varphi_1}{\sin\varphi_1}\exp(-\mathrm{j}\omega_v v)\times$$

$$\int\exp\left(\mathrm{j}\omega_x\left(\frac{\cos\varphi_1(z_i-z)-x_i\sin\varphi_1}{\sin\varphi_1}\right)\right)\times\exp(-\mathrm{j}\omega_z z)\mathrm{d}z\mathrm{d}v \tag{4.16}$$

根据傅里叶变换原理，设 $f(t)=\mathrm{e}^{-\alpha t}(\alpha>0)$，则 $F[f(t)]=\dfrac{2\alpha}{\alpha^2+\omega^2}$，于是得到复杂但重要的中间推导结果：

$$-\mathrm{j}\pi\mathrm{sgn}(\omega_x)fx_i\int\cot\varphi_1\exp(-\mathrm{j}\omega_v v)\exp(\mathrm{j}\omega_x(z_i\cot\varphi_1-x_i))\frac{2\omega_x\cot\varphi_1}{(\omega_x\cot\varphi_1)^2+\omega_z{}^2}\mathrm{d}v$$

$$=-\mathrm{j}2\pi^2 x_i f\mathrm{sgn}(\omega_x)\exp\left(\mathrm{j}\omega_x\left(\frac{\omega_v-\omega_x z_i-\omega_z x_i}{\omega_z}\right)\right) \tag{4.17}$$

式 (4.12) 的另一部分推导原理和思路与以上方法类似，有：

$$\iiint\frac{f\cos\varphi_1 x}{\cos\varphi_1(z_i-z)-\sin\varphi_1(x_i-x)}\exp(-\mathrm{j}\omega_x x-\mathrm{j}\omega_z z-\mathrm{j}\omega_v v)\mathrm{d}x\mathrm{d}z\mathrm{d}v$$

$$=\frac{-\pi f}{2\omega_x}(1+\pi\delta(\omega_v-2)+\pi\delta(\omega_v+2))(2\pi\delta(\omega_z)z_i\mathrm{sgn}(\omega_x)-\mathrm{j}2\pi\delta'(\omega_z)\mathrm{sgn}(\omega_x))-$$

$$\mathrm{j}\pi^2\delta(\omega_z)(x_i\mathrm{sgn}(\omega_x)-2\pi\delta(\omega_x))(\delta(\omega_v+2)-\delta(\omega_v-2)) \tag{4.18}$$

式 (4.18) 的其他几部分三重积分推导原理与以上推导关系类似，最终经过傅里叶变换和大量推导，得到最终的遮挡函数的频谱表达式。

$$O(\omega_x,\omega_z,\omega_v)=\frac{\mathrm{j}\beta\pi^2\mathrm{sgn}(\omega_x)}{f\cdot\tan\theta_c/2}\left(\exp\left(\mathrm{j}\omega_x\left(\frac{\omega_v-\omega_x z_{i+k}-\omega_z x_{i+k}}{\omega_z}\right)\right)\right)(x_{i+k}+z_{i+k})-$$

$$\exp\left(j\omega_x\left(\frac{\omega_v - \omega_x z_i - \omega_z x_i}{\omega_z}\right)\right)(x_i + z_i) +$$

$$\pi^2 f(1 + \pi\delta(\omega_v - 2) + \pi\delta(\omega_v + 2))$$

$$\left(\begin{array}{l}\left(\dfrac{z_i\delta(\omega_z)\mathrm{sgn}(\omega_x) - j\delta'(\omega_z)\mathrm{sgn}(\omega_x)}{\omega_x} + \dfrac{z_i\delta(\omega_x)\mathrm{sgn}(\omega_z) - j\delta'(\omega_x)\mathrm{sgn}(\omega_z)}{\omega_z}\right) \\[3mm] -\left(\dfrac{z_{i+k}\delta(\omega_z)\mathrm{sgn}(\omega_x) - j\delta'(\omega_z)\mathrm{sgn}(\omega_z)}{\omega_x} + \dfrac{z_{i+k}\delta(\omega_x)\mathrm{sgn}(\omega_z) - j\delta'(\omega_x)\mathrm{sgn}(\omega_z)}{\omega_z}\right)\end{array}\right) +$$

$$j\pi^2(\delta(\omega_v + 2) - \delta(\omega_v - 2))$$

$$\left(\begin{array}{l}(\delta(\omega_z)(x_i\mathrm{sgn}(\omega_x) - 2\pi\delta(\omega_x)) + (x_i\mathrm{sgn}(\omega_z) - 2\pi\delta(\omega_z))) \\[2mm] -(\delta(\omega_z)(x_{i+k}\mathrm{sgn}(\omega_x) - 2\pi\delta(\omega_x)) + (x_{i+k}\mathrm{sgn}(\omega_z) - 2\pi\delta(\omega_z)))\end{array}\right) \quad (4.19)$$

通过对遮挡函数频谱表达式的分析，可以证明空中光场的遮挡程度与场景最大和最小深度、遮挡物的特点以及无人机采样特性相关。傅里叶变换得到的频谱可理解为某一遮挡场景中包含的频率成分，通过观察不同频率成分的分布，从而分析图像信号的频率特性和带宽。高质量的图像重构和处理，如去噪和锐化，也依赖于对这些频率成分的精确控制和操作。后续可以在此频谱表达式的基础上继续进行研究。

4.1.3 空中光场的最小采样率

由遮挡函数的频谱表达式可得遮挡函数光谱包含三个变量 ω_x、ω_z 和 ω_v。其中 ω_z 取决于无人机和拍摄对象之间的深度，在面对某一采样场景时，无人机与拍摄场景的距离可以基本保持稳定，所以通过 ω_x 和 ω_v 分析遮挡函数。参考文献[80]中基本带宽的概念和对基本带宽的推导思路，可以获得遮挡函数沿 ω_x 轴和沿 ω_v 轴的基本带宽 B_x 和 B_v：

$$B_x = \left\{\omega_x: \ |\omega_x| \leqslant \frac{1}{2\pi|x_i - x_{i+k}| \cdot |z_i - z_{i+k}| + \mathrm{sgn}(\varphi)}\right\}$$
$$B_v = \left\{\omega_v \in \left[\frac{\Omega_x|x_i - x_{i+k}|z_{\max}}{f}, \ \frac{\Omega_x|x_i - x_{i+k}|z_{\min}}{f}\right]\right\} \quad (4.20)$$

根据带宽表达式，可以得到沿 ω_x 轴和沿 ω_v 轴的最大带宽：

$$\Omega_x = \frac{1}{2\pi|x_i - x_{i+k}| \cdot |z_i - z_{i+k}| + \mathrm{sgn}(\varphi)}$$
$$\Omega_v = \frac{|x_i - x_{i+k}|z_{\min}}{2\pi f|x_i - x_{i+k}| \cdot |z_i - z_{i+k}| + f\mathrm{sgn}(\varphi)} \quad (4.21)$$

式中，Ω_x 为 B_x 沿 ω_x 轴的最大值；Ω_v 为 B_v 沿 ω_v 轴的最大值。

通过推导得出的频谱带宽，可以进一步研究空中遮挡场景频谱的采样问题。根据奈奎斯特采样定理，为了能够从样本完全恢复一个带限（频率有限）的连续时间模拟信号，采样频率必须至少是信号最高频率成分的两倍。这个最小的采样频率被称为奈奎斯特频率，由此可以根据不同场景的基本带宽来确定该场景的最小采样率。同时从带宽表达式中也可以看出，影响空中光场带宽的因素不仅包括场景表面的最大和最小深度，还包括遮挡场景的场景表面纹理特点。

4.1.4 遮挡环境下重构及真实场景实验

根据带宽，设计自适应滤波器来消除遮挡信号带来的干扰。自适应滤波器是一种能够根据输入信号的变化自动调整其滤波参数的滤波器。与传统的固定滤波器不同，自适应滤波器能够根据输入数据的特性和所需的输出，通过迭代过程不断更新其内部参数，以最小化某种预定义的误差为准则。通过调整滤波器的系数，自适应滤波器试图将这种差异减到最小。滤波器的表达式为：

$$H_{\text{opt}}(\omega_x,\ \omega_v) = \frac{\text{FT}[\,l(x,\ v)\,]}{B_x + B_v}\,e^{-j(\omega_x T_x + \omega_v T_v)} \tag{4.22}$$

式中，$l(x,\ v)$ 为二维空中光场，其频域为 $\text{FT}[\,l(x,\ v)\,]$；而 $\text{FT}[\,\cdot\,]$ 为傅里叶变换函数。参考空中光场相关研究[83]，在重构方面采用抗混叠重构滤波器。抗混叠重构滤波器的主要目的是在采样和重构信号或图像时减少或消除混叠效应。混叠是由于采样频率低于信号最高频率的两倍（即未满足奈奎斯特准则）而导致的信号失真现象。在这种情况下，高频信号成分会以低频形式出现，从而损害重构信号的质量。因此，根据前文提出的带宽可以得到抗混叠重构滤波器表达式：

$$\left\{ \omega_v,\ \omega_x\colon\ \omega_v \in [-\Omega_v,\ \Omega_v],\ |\omega_x| \leqslant \frac{1}{2\pi\,|x_i - x_{i+k}|\cdot|z_i - z_{i+k}| + \text{sgn}(\varphi)} \right\} \tag{4.23}$$

接下来，需要使用上述计算得到的带宽和设计出的针对大规模场景的重构滤波器，并进行大量的实验对比。真实的大规模场景有着更多变的光照情况，真实场景中的光源、光线传播、反射、折射和散射等物理现象使得大规模场景的细节纹理变得异常丰富，因此对于绘制算法的测试和评估将更加准确。实验选取了多个具有不同特点的真实场景进行对比实验，这些场景展示了多样化的遮挡情况，进一步增加了场景纹理的多样性和丰富度。另外，在大规模真实场景中进行光场捕捉，可以获得更多的数据和信息，包括光线的强度、颜色、方向等，这些数据对于本章后续绘制算法的建模和优化非常有帮助。实验结果验证了本节所设计的采样方法和重构方法在处理复杂大规模场景时的实用性和有效性，更重要的是，它们凸显了本节所提出的光场采样和重构策略在真实场景应用中的优越性。

由于本实验方法获取的场景信息是基于段落式的视频序列，也是不同大规模场景下的不同视点位的多段视频，所以需要用帧间估计的方法来确定所需的二维图像。帧间估计是一种在视频编码中广泛使用的技术，它的主要目的是在视频序列中的相邻帧之间估计运动。通过识别前后帧之间的运动变化可以大幅度减少视频数据的冗余度，从而有效压缩视频大小，提高存储和传输效率。帧间估计的方法包括以下几种。

（1）块匹配法（Block Matching）：此方法将视频帧划分为若干个小块，并在前一帧（或参考帧）中寻找与这些小块最为相似的区域。通过确定这些区域的相对位置变化，块匹配算法能够估计出运动向量，从而实现运动补偿。

（2）全搜索法（Full Search）：作为一种穷举方法，全搜索策略对当前帧的每个像素点在参考帧中进行全面搜索，以寻找最佳匹配并计算最小差异值。虽然这种方法在理论上能够达到较高的估计精度，但其对计算资源的要求极高，通常不适用于实时处理场景。

（3）三步搜索法（Three Step Search）：这是一种逐步细化的搜索方法，它通过逐步缩小搜索范围来降低计算量。初始阶段在较大范围内进行粗略搜索，然后逐步缩小搜索范围，直至在最小区域内找到最优匹配点。这种方法在减少计算开销的同时，仍能保持较好的匹配精度。

（4）预测法（Prediction）：预测方法基于前一帧的信息来预估当前帧的内容。通过比较预测像素值与实际像素值之间的差异，可以有效估计帧间的变化，进而用于运动补偿和误差编码。

（5）矢量量化法（Vector Quantization）：通过对当前帧的块进行细分，并运用聚类技术对这些子块进行分类，矢量量化方法能够将每类子块用一个代表性向量来表示。这种方法在编码过程中通过对子块进行类别标记，并使用代表向量进行表示，从而有效降低了数据的存储需求。

为了获得更佳的编码效果和提升编码速度，上述方法往往不是孤立使用，而是通过相互结合来优化性能。因此将预测法与三步搜索法相结合，有效地提高了帧间估计的准确性和效率。通过这种组合方法，可以更准确地确定帧图像的位置，为后续重构计算提供支持。

在这个实验中，选择了几种不同类型的遮挡场景，这些遮挡场景涉及各种场景，例如树木遮挡建筑物，多个建筑物相互遮挡，以及航拍场景中独特的垂直视图。而无人机采样的方案是根据前文的最小采样率决定的。根据式（4.21）确定的带宽和采样最小要求，借助无人机的定速巡航等功能，保持恒定为匀速飞行（2.5 m/s 或 3 m/s）录制 2~4 s 的视频，分别于四个场景：屋顶、高楼、平房、大厦下取视频 3 帧/张、3 帧/张、4 帧/张、4 帧/张。在光场绘制技术中，除特殊情况外，虚拟视点的数量大于拍摄获得的图像数量[23]，因此此处实验将每个方法获取的多视点图像分别绘制成了 97 张、97 张、121 张、121 张新视点图像进行虚拟视点重构。

为了确保研究结果的可信度，与其他经典方法进行了对比实验，包括最大和最小场景深度（MMDS）[84] 和单斜面分析（SSPA）[80]。此外，除了前文提到的 EPI 技术的作用，EPI 技术还提供了一种独特的视角来观察和分析光场数据，特别是在视点生成和重构方面。通过 EPI 图像，可以直观地观察到由不同视点重构的图像中光线的连续性和一致性，从而评估视点重构的质量。通过观察 EPI 图像进行重构质量的检验主要可以从以下四个方面进行：

（1）连续性检验：在 EPI 图像中，同一场景点在不同视点下的投影应该形成连续的直线或平滑曲线。通过观察这些线条的连续性，可以检验视点重构图像的一致性。如果重构效果良好，那么这些线条应该是连续且平滑的，没有断裂或重大偏差。

（2）深度准确性：EPI 图像中线条的斜率与场景中物体的深度直接相关，因此通过分析 EPI 图像中的线条斜率，可以评估重构视图中深度信息的准确性。深度估计的误差会导致斜率的偏差，这可以作为检验重构质量的一个指标。

（3）遮挡处理：EPI 技术还可以用来检验视点重构中遮挡处理的效果。在 EPI 图像中，遮挡边界附近的光线路径变化可以表达出遮挡关系和背后物体的信息。如果重构算法能够应对遮挡问题，那么在 EPI 图像中应该能够观察到遮挡边界的连续性和一致性。

（4）细节和纹理保留：通过对比原始 EPI 图像和重构后的 EPI 图像，可以评估重构过程中细节和纹理信息的保留情况。重构效果好的图像应该能在 EPI 中保持原有的纹理特征和细节信息。

如图 4.4 所示，展示了四个场景的重构视图以及每个场景原始的图像和 EPI，以及视点重构得到的图像和 EPI。通过直接观察重构图像的细节以及 EPI 图像的表现，表明在实际大规模场景的视点重构中，本书提出的采样方法重构视图的质量可以显著提高，与其他两种经典视点重构算法对比来看，本书的方法重构出的图片几乎没有重影和扭曲。对比 EPI 图像来看，本书所用方法的 EPI 连续且平滑，且没有断裂或重大偏差，遮挡物与被遮挡物的边界也具有连续性和一致性，总体在细节和纹理保留方面较为优秀。而传统的两种经典方法都有一定程度的重影，EPI 图像也存在明显的锯齿状扭曲，这表明本书提出的采样方法对于大规模复杂航拍场景是有效的，尤其是对于其中的遮挡现象有着显著的提升。

为了进一步客观比较绘制结果的质量，还需要比较这四组实验的 PSNR（Peak Signal to Noise Ratio，峰值信噪比）和 SSIM（Structure Similarity Index Measure，结构相似指数）。PSNR 是一种衡量图像重构质量的常用指标，主要反映了原始图像与重构图像之间的相对误差大小。它基于均方误差（MSE）计

图 4.4 复杂真实场景的新视点重建实验

算得出，通常以分贝（dB）为单位表示。PSNR 值越高，表示图像质量越好，误差越小。其计算原理如下。

假设原始图像为 I，重构图像为 K，图像尺寸为 $M \times N$，则 MSE 定义为：

$$\text{MSE} = \frac{1}{MN}\sum_{m=1}^{M}\sum_{n=1}^{N}\left[I(m, n) - K(m, n)\right]^2 \tag{4.24}$$

基于 MSE，PSNR 定义为：

$$\text{PSNR} = 10 \cdot \lg\left(\frac{\text{MAX}_I^2}{\text{MSE}}\right) \tag{4.25}$$

式中，MAX_I 为图像数据可能的最大像素值。但以上是针对灰度图像的计算方法，若是彩色图像，通常需要先计算 RGB 图像三个通道每个通道的 MSE 值再求平均值，进而求 PSNR。PSNR 作为一种可以量化的指标，能够客观地评价图像质量，并且适用于不同类型和不同压缩比的图像，具有广泛的应用价值，同时能够不受图像内容的影响，稳定地反映图像质量。因此选择 PSNR 作为一个图像质量评价指标。

SSIM 是另一种评价图像质量的指标，设计它的初衷是更好地反映人类视觉系统（HVS）对图像质量的感知。SSIM 由亮度对比、对比度对比、结构对比三部分组成，旨在衡量两个图像在视觉结构信息上的相似度。SSIM 的取值范围为 $[-1, 1]$，具有对称性、边界性以及唯一最大性（当且仅当 $x = y$ 时，$\text{SSIM} = 1$），是一种距离公式。对于两个窗口 x 和 y（通常是图像的局部区域），SSIM 表达式有以下推导。

（1）以平均灰度作为亮度测量，得到亮度对比函数：

$$l(x, y) = \frac{2\mu_x\mu_y + C_1}{\mu_x^2 + \mu_y^2 + C_1} \tag{4.26}$$

式中，μ_x 和 μ_y 分别为 x 和 y 的平均亮度。

（2）以灰度标准差作为对比度测量，得到亮度对比函数：

$$c(x, y) = \frac{2\sigma_x\sigma_y + C_2}{\sigma_x^2 + \sigma_y^2 + C_2} \tag{4.27}$$

式中，σ_x 和 σ_y 分别为 x 和 y 的灰度标准差。

（3）通过结构测量得到结构对比函数：

$$s(x, y) = \frac{\sigma_{xy} + C_3}{\sigma_x\sigma_y + C_3} \tag{4.28}$$

式中，σ_{xy} 为协方差。最终结合三个部分得到 SSIM 的表达式为：

$$\begin{aligned}\text{SSIM}(x, y) &= f\left[l(x, y), c(x, y), s(x, y)\right] \\ &= \frac{(2\mu_x\mu_y + C_1)(2\sigma_{xy} + C_2)}{(\mu_x^2 + \mu_y^2 + C_1)(\sigma_x^2 + \sigma_y^2 + C_2)}\end{aligned} \tag{4.29}$$

式中，C_1 和 C_2 为常数，避免分母接近于 0 时造成的不稳定性。

SSIM 考虑了图像的结构信息，能够更准确地反映图像的主观质量，同时由于其关注图像的结构信息，在处理高分辨率图像时计算效率也相对较高。因此 SSIM 与 PSNR 在图像质量评价方面具有一定互补性，选择其为另一种图像质量评价指标。需要注意的是，本书使用的方法应用于大规模场景，而遮挡的场景特性会对 PSNR 和 SSIM 值产生影响，例如更多的噪声、更低的对比度或更多的细节，这时 PSNR 和 SSIM 的值都会不可避免的降低。总之，PSNR 和 SSIM 都是有效的图像质量评价指标，但它们也有一些局限性。在使用这些指标时，需要注意场景特性对其结果的影响，以确保准确地评估重构视图的质量。

将四组实验 PSNR 和 SSIM 的平均值分别表示于表 4.1 和表 4.2 中。通过 PSNR 和 SSIM 的比较，表明采用的无人机采样方法所产生的新视点渲染效果更加优秀，显示了本书提出的采样方法的优越性。实验结果表明，采用的无人机采样方法对不同场景具有良好的重建效果。

表 4.1 不同方法下四组场景绘制效果的 PSNR 实验数据平均值 （dB）

方　法	屋顶	高楼	平房	大厦
本书的方法	30.413	27.696	28.306	27.083
MMDS	29.564	26.735	27.415	26.374
SSPA	29.222	26.466	27.105	26.095

表 4.2 不同方法下四组场景绘制效果的 SSIM 实验数据平均值 （无量纲）

方　法	屋顶	高楼	平房	大厦
本书的方法	0.889	0.914	0.890	0.897
MMDS	0.861	0.890	0.858	0.872
SSPA	0.850	0.883	0.847	0.867

4.2　阴影环境下的全光函数采样与新视点重构研究

4.2.1　阴影场景数学模型

在本节中，将介绍阴影场景光场（SLF）模型。首先量化一个场景中的阴影，分析其光线信号的特性。其次，介绍了光场的参数化方法。最后将阴影场景引入到光场中，提出一种 SLF 模型。

4.2.1.1　量化阴影场景

日常生活中阴影广泛存在[85]。然而光照位置的多变性和场景几何的复杂性等，导致阴影的量化十分困难。因此考虑从构建一个简单的阴影模型入手。图 4.5 (a) 所示的场景是一个表面弯曲的墙，本书用蓝色线勾勒出它的形状。假设有一个无限远的点光源，光源围绕场景进行运动。如果物体表面没有被光源照射，就会形成阴影。可以看到，由于光线被遮挡，场景生成了一片较暗的阴影区域。

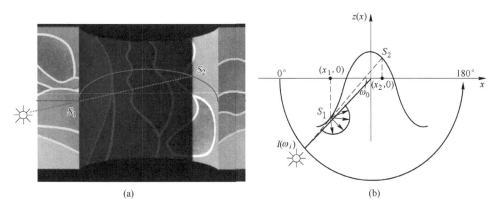

(a)　　　　　　　　　　　(b)

图 4.5　带有阴影的场景(a)和带有阴影场景(b)的二维切片图

为了简化分析，沿着蓝色线，对场景的二维切片进行分析。如图 4.5（b）所示，点光源 $l(\omega_i)$ 围绕场景表面做圆弧运动，角度 $\omega_i \in [0°, 180°]$。当点光源位于 ω_0 时，光线被遮挡。物体表面产生阴影，红色虚线是它的临界光线，阴影的边界点分别为 S_1 和 S_2。假设场景表面不存在遮挡。在该假设下，使用相机对场景进行采样，从场景表面发射到相机的光线具有唯一性。该约束将在下一小节由式（4.32）给出。那么此时阴影可以简单地用阴影边界点在 x 轴上投影的坐标距离表示，即 x_1 到 x_1 的长度。

4.2.1.2　阴影光场的表示

七维 POF 的高维性不利于分析场景。因此考虑固定场景的某些参数以实现降维，使场景的分析变得简单。四维光场表示是一种常用的方法，图 4.6（a）为四维光场 $p(u, v, \xi, t)$，其中（ξ, t）表示相机平面，（u, v）表示成像平面，两个平面的距离是相机的焦距。图 4.6 中，场景中某一点射出的光线穿过成像平面（u, v）到达相机平面（ξ, t）。如果相机位置发生改变，成像平面中光线的位置也将发生改变。该方法同样记录了光线的位置和方向，大大减少了所需采集的数据。减轻存储压力的同时也使得场景光线更便于分析。

更进一步简化，类似于文献［80］，考虑一个二维版本的光场。固定四维光场中的 u 和 ξ，从水平线上分析光线，即可获得二维光场 $p(t, v)$ 的表示。不失一般性，将图 4.6（a）的阴影场景和二维光场结合，得到图 4.6（b）的 SLF 模型。其中曲面 S 表示阴影场景的二维切片图，虚线 S_1S_2 表示阴影区域。相机在 x 轴上运动，v 是它的成像平面，相机的视角范围 $v \in [-v_m, v_m]$。接下来分析 SLF 光线特性。

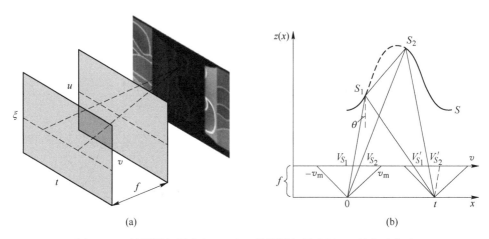

图 4.6   四维阴影场景光场(a)和二维阴影场景光场(b)的表示方法

将场景的阴影映射到成像平面 v 上，研究阴影范围和场景结构之间的关系。当相机在 $t=0$ 处，阴影部分对应成像平面中的 $V_{S_1}V_{S_2}$，当相机移动到 $t=t$ 处，阴影部分则变成 $V'_{S_1}V'_{S_2}$。在此期间，阴影曲线 S_1S_2 范围内的光线也将全部被映射到成像平面 v 上对应的阴影范围内。一般而言，可以简单地将场景中的阴影部分的光线强度设置为 0。基于该方式，对于 SLF 中的阴影部分，只需关注其阴影边界 S_1 和 S_2 即可。因为在阴影范围内，对于任意几何形状的场景，其光线强度都为 0。这意味着，在 SLF 中，不仅要考虑非阴影区域的场景几何特性，还要考虑阴影边界位置带来的影响。

4.2.1.3   标准参数化和符号

在 4.2.1.2 节中已经分析了二维 SLF 的光线特性，那么，接下来将对其进行数学化分析，以建立 SLF 模型。基于图 4.6 的场景，二维 SLF 的相机位置、方向和场景直接的映射关系可以定义为：

$$v = f\tan(\theta) \tag{4.30}$$

$$t = x - z(x) \cdot v/f \tag{4.31}$$

式中，θ 为光线与相机光轴的夹角；$z(x)$ 为场景深度。假设场景不存在遮挡，即二维平面光场 $p(t, v)$ 与表面光场 $l(s, \theta)$ 几何关系一一对应，则相机有最大视场限制，其表达式为：

$$|z'(x)| < \frac{f}{v_m} \tag{4.32}$$

进一步地，可以用以下公式表示带有阴影的光线。

$$p_s(t, v) = p(t, v) \cdot w(t, v) \tag{4.33}$$

式中，w 为关于光场 $p(t, v)$ 的二元可视性函数，当光线来自非阴影区域，w 的值为 1，否则都是 0。

现在基于图4.6研究SLF的光线信号特性，将场景阴影区域映射到成像平面 v 上。当相机在 $t=0$ 处，阴影部分对应相平面中的 $V_{S_1}V_{S_2}$，当相机移动到 $t=t$ 处，阴影部分则变成 $V'_{S_1}V'_{S_2}$。在此期间，阴影曲线 S_1S_2 范围内的光线也将被映射到成像平面 v 上对应的阴影范围内。进一步地，可以推测在 S_1S_2 阴影范围内，对于任意几何形状的阴影场景，其映射到成像平面的阴影大小只取决于场景的阴影边界 S_1 和 S_2。其可见性如图4.7所示，其中 x_{min} 和 x_{max} 表示场景边界在 x 轴上的坐标，x_1 和 x_2 表示阴影边界在 x 轴上的坐标，当 $x \in [x_{min}, x_1] \cup [x_2, x_{max}]$ 时不存在阴影，即值为1，其他为0。可以写出图4.7的表达式。

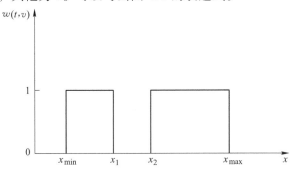

图 4.7 二元可视化函数 w 的示意图

$$w(t, v) = \text{rect}\left(\frac{x - x_1}{T_1}\right) + \text{rect}\left(\frac{x - x_2}{T_2}\right) \tag{4.34}$$

式中，x_1 与 x_2 分别为两个门函数的中点；T_1 和 T_2 为两个门函数对应到 x 坐标轴上的宽度。对于SLF的阴影部分，只需只关心阴影边界的位置即可，而阴影边界取决于相机的位姿。当相机位姿发生变化，阴影边界也会随之发生改变。从另一个角度想，阴影边界的改变记录了相机位姿的改变。这意味着本书的模型变相地考虑了相机位姿和场景结构的关系。这也将使得本书的公式可以适用于更多位姿的图像采集数据。

4.2.2 阴影光场傅里叶域的分析

在本节中，基于之前的研究，在傅里叶域中将非阴影区域和可见性函数 w 的带宽进行结合。这么做既考虑了场景几何又考虑了阴影边界，推导的采样率更适用于SLF。

4.2.2.1 基于全光函数频谱的采样率分析

先不考虑阴影的影响，只分析二维POF中光线 $p(t, v)$ 在频率域中的特性，从定义开始可以得到如下表达式。

$$P(\omega_t, \omega_v) = \int_{-\infty}^{\infty} \int_{-\infty}^{\infty} p(t, v) e^{-j(\omega_t t + \omega_v v)} dt dv \tag{4.35}$$

将等式（4.31）导入等式（4.35），可以获得新的表达式：

$$P(\omega_t, \omega_v) = \int_{-\infty}^{\infty} \int_{-\infty}^{\infty} l(x, v) e^{-j(\omega_t[x - z(x)v/f] + \omega_v v)} \left(1 - \frac{z'(x)v}{f}\right) dx dv$$

$$= \int_{-\infty}^{\infty} l(x, v) e^{-j\omega_t x} dx \int_{-\infty}^{\infty} \left(1 - \frac{z'(x)v}{f}\right) e^{-j[\omega_v - \omega_t z(x)/f]v} dv$$

$$= \int_{-\infty}^{\infty} H(x, \omega_R) l(x, v) e^{-j\omega_t x} dx \qquad (4.36)$$

式中 $\omega_R = [\omega_v - \omega_t z(x)]/f$，$H(x, \omega_R)$ 的具体表达式如下：

$$H(x, \omega_R) = \int_{-\infty}^{\infty} \left(1 - \frac{z'(x)v}{f}\right) e^{-j[\omega_v - \omega_t z(x)/f]v} dv$$

$$= \int_{-\infty}^{\infty} e^{-j\omega_R v} dx \int_{-\infty}^{\infty} \frac{z'(x)v}{f} e^{-j\omega_R v} dv$$

$$= 2\pi\delta(\omega_R) - j2\pi \frac{z'(x)}{f} \frac{d}{d\omega_R}\delta(\omega_R) \qquad (4.37)$$

式中，$\delta(\cdot)$ 为冲激函数。值得注意的是，对于等式（4.36），根据冲激函数的特性，只有当 $\omega_R = 0$，也就是 $\omega_v = \omega_t z(x)/f$ 时 $P(\omega_t, \omega_v) \neq 0$ 才成立，否则 $P(\omega_t, \omega_v) = 0$，它的光谱如图 4.8（a）所示，频谱由直线 $\omega_t = \omega_v f/z_{max}$ 和 $\omega_t = \omega_v f/z_{min}$ 组成，很明显可以看出，POF 频谱受到场景信息 $z(x)$ 的影响。$z(x)$ 是由场景的最大和最小深度和几何结构决定的。

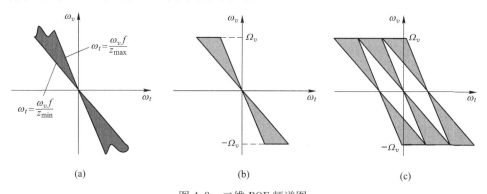

图 4.8　二维 POF 频谱图

（a）由 $\omega_v = \omega_t z(x)/f$ 得到的全光光谱；（b）受相机分辨率 Δv 影响，低通滤波后的频谱形状；

（c）多次采样将会使场景出现多个"蝴蝶结"

如果对场景进行密集采样，将会出现如图 4.8（c）所示的多个复制的光谱[86]，为了使复制光谱之间不发生重叠的情况，Chai 等人[84]通过推导得出相机的最大采样间距：

$$\Delta t_{max} = \frac{2\pi z_{max} z_{min}}{\Omega_v f(z_{max} - z_{min})} \qquad (4.38)$$

由于摄像机像素 Δv 的限制，图 4.8（a）将变成图 4.8（b）所示的形状，其中 $\varOmega_v$ 是 ω_v 的最大频率，在最差情况下 $\varOmega_v = \dfrac{\pi}{\Delta v}$。令相机沿着 t 轴以空间采样率 f_s 进行采样，根据香农采样理论[87]，为了不发生混叠现象需要使采样频率满足 $f_s \geqslant 2B_t$，又因为 $f_s = \dfrac{1}{\Delta t_{max}}$，结合等式（4.38），经过简单推导可以得到：

$$B_t = \left\{ \omega_t : |\omega_t| \leqslant \frac{\varOmega_v f(z_{max} - z_{min})}{4\pi z_{max} z_{min}} \right\} \tag{4.39}$$

现在得到一个考虑了场景最大和最小深度的 POF 光谱的带宽，将其和阴影结合，推导 SLF 对应的带宽。

4.2.2.2　两种情况的频谱分析

前面剖析了基于最大深度和最小深度场景的频谱的带宽。方案为更复杂的场景属性和不规则几何结构提供重要基础支撑。在此基础上引入了阴影。阴影的存在会使场景光线强度变弱，从而导致能量分布扩散。这种现象的最直观体现就是体现在场景的三维频谱图上。如图 4.9 所示，图 4.9（a）和（b）分别为无阴影和有阴影的场景的三维频谱。显然，阴影会使场景峰值能量降低，能量扩散到附近区域。这种能量的扩散现象在频谱图上表现为原本集中的高频峰值变得分散，且整体能量水平有所下降。由于阴影造成的这种能量分布变化，必须对新的带宽进行相应的调整。为了保证在重构过程中信息不会损失，需要对频谱图进行细致的分析，并据此调整带宽设置。具体来说，可以根据阴影导致的能量扩散范围，适当拓宽带宽，以容纳更多的频率成分。同时，还需要注意保持带宽内的能量分布均匀，避免某些频率成分因带宽过窄而被忽略或失真。通过这样的带宽调整，可以更好地捕捉阴影场景中的细节信息，确保在重构过程中能够还原出更加真实、准确的场景图像。这不仅有助于提高图像质量，还能为后续的图像处理和分析工作提供更为可靠的数据基础。

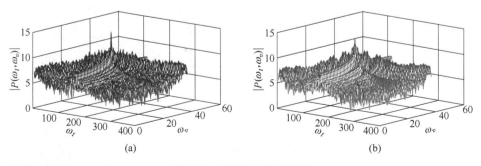

图 4.9　场景的三维频谱图

（a）无阴影场景的频谱，其峰值能量很突出；（b）阴影场景的频谱，能量明显扩散到周围

4.2.2.3　基于阴影光场频谱的采样和重构分析

4.2.2.2 节已经研究了阴影可能对场景带来的影响。接下来将对频谱表达式进行推导，以此得到 SLF 中合适的采样方法。先将等式（4.34）进行傅里叶变换，得到可见性函数 w 的频谱表达式。

$$W(\Omega) = T_1 \mathrm{sinc}\left(\frac{\omega_x T_1}{2}\right) \mathrm{e}^{-\mathrm{j}\omega_x x T_1} + T_2 \mathrm{sinc}\left(\frac{\omega_x T_2}{2}\right) \mathrm{e}^{-\mathrm{j}\omega_x x T_2} \tag{4.40}$$

这里定义 $\mathrm{sinc}(a) = \sin(a)/a$。接着可以进一步获得它的基础带宽。

$$B_w = \left\{\Omega\colon |\Omega| \leqslant \frac{2\pi}{T_1} + \frac{2\pi}{T_2}\right\} \tag{4.41}$$

在 SLF 中，已经分别得到非阴影区域的场景特性和阴影边界各自的带宽。回到等式（4.33），对其进行傅里叶变换。根据傅里叶的卷积性质[88]，可以得到 SLF 的频谱表达式。

$$P_s\left(\omega_t,\ \omega_t \frac{z_{\max}}{f}\right) = \frac{1}{2\pi} P(\omega_t,\ \omega_v) \cdot W(Q) \tag{4.42}$$

那么，SLF 的带宽为：

$$B_{wt} = \left\{\omega_t\colon |\omega_t| \leqslant \frac{\Omega_v f(z_{\max} - z_{\min})}{4\pi z_{\max} z_{\min}} + \frac{2\pi}{T_1} + \frac{2\pi}{T_2}\right\} \tag{4.43}$$

如图 4.10（a）所示，在 ω_t 上用虚线范围表示 SLF 的基本带宽。根据该带宽，可以推导得到更适用于 SLF 的采样方法。在本书的采样方法下，可以减少场景所需的图像数量，同时提高渲染质量。特别需要注意的是，光谱主要能量被限制在一个平行四边形的区域内。考虑最坏情况，$\Omega_v \in \left[-\dfrac{\pi}{\Delta v},\ \dfrac{\pi}{\Delta v}\right]$，得到如下的

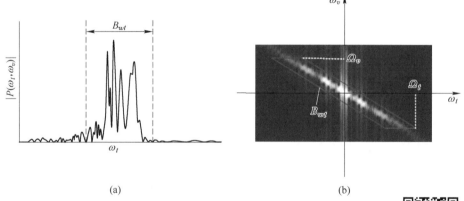

(a)　　　　　　　　　　　　　　(b)

图 4.10　SLF 的相应频谱变化

（a）$P(\omega_t,\ \omega_v)$ 的一维切片图，B_{wt} 是它的基本带宽；（b）用平行四边形勾勒出 SLF 频谱的基本带宽，重构滤波器将根据该带宽进行设计

扫码看彩图

抗混叠滤波器。

$$\left\{ \omega_v,\ \omega_t:\ \omega_v \in \left[-\Omega_v,\ \Omega_v \right],\ |\omega_t| \leqslant \frac{\Omega_v f(z_{max} - z_{min})}{4\pi z_{max} z_{min}} + \frac{2\pi}{T_1} + \frac{2\pi}{T_2} \right\}$$

(4.44)

通过等式（4.44），在图4.10（b）中用红线框出了 SLF 频谱的基本带宽范围。在后面实验中，将验证该带宽计算的效果。至此，推导得到了 SLF 频谱的带宽，通过带宽可以确定相机采样的最大间隔。此外，还设计了一个专门用于 SLF 重构的滤波器，用来增强渲染的结果。

4.2.3 实验结果分析

本节中，通过对两个虚拟场景和两个真实场景进行渲染来展示本书提出的方法的可靠性。通过和其他实验对比，证明本书提出的方法的有效性。

4.2.3.1 阴影光场采样

首先用 3dsMax 构建两个虚拟场景，一个是表面弯曲的墙，另一个是茶壶。在这两个场景中光照方向是相同且不变的。将相机沿着平行于场景的直线均匀摆放，相机光轴方向相同。相机的摆放间距由最小采样率决定，以此获得一组多视点图像。

在实际场景中，采用帧间估计的方法来验证本书方法的有效性。令相机沿着指定轨迹匀速移动并录像，根据移动速度和最小采样率对视频进行取帧，用截取的帧数据重构其他帧信息。第一个场景是森林，同样的，相机在该场景的移动轨迹是一条直线，相机光轴方向始终不发生改变。第二个场景是街道，对其进行了一些有趣的改变。在该场景中相机不再只是沿着直线移动，而是沿着一条曲线对场景进行录像，光轴始终朝向场景中某个点，这也就意味着这组数据中相机的位置和朝向都发生了改变。接下来将用捕获的数据进行渲染，通过和其他方法对比，证明本书提出的方法的有效性。

4.2.3.2 阴影对二维频谱的影响分析

为了更直观地体会阴影对场景的影响，从二维的角度观察频谱差异。首先给予场景充足的光照，此时场景不存在阴影，它的 EPI 和频谱如图4.11（a）所示。之后，只保留单个光源，从某一侧对场景进行照射。如图4.11（b）所示，场景的部分区域被阴影覆盖，它的频谱能量明显变得更广泛。因此，需要设置更大的带宽，以保证同比例的能量能够被保留。

4.2.3.3 阴影光场渲染

为了验证提出的方法能够提高 SLF 渲染质量，与不同的方法进行比较，比如最大和最小深度（Maximum and Minimum Depth Method，MAMD）方法[84]和单倾斜平面分析（Single Inclined Plane Analysis，SIPA）方法[6]。根据 MAMD、SIPA

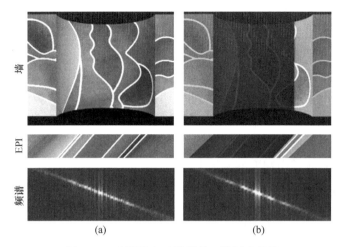

图 4.11   有阴影和无阴影的二维频谱差异

（a）无阴影的场景图像、EPI 和 EPI 对应频谱；（b）有阴影的场景图像、EPI 和 EPI 对应频谱

和本书的方法提出的最大采样间距，分别对不同场景进行采样。另外，利用捕获的多视图图像数据重构新视点图像，最终使用评估指标揭示提出的方法的有效性。

评估指标是评判方法性能的核心，算法模型表现优劣在很大程度上取决于所选指标。对比各算法模型在同一指标下的表现，能明确优秀算法及特定任务上的优势模型。这些指标揭示算法优缺点，为优化改进指明方向。这里使用峰值信噪比（Peak Signal-to-Noise Ratio，PSNR）和结构相似指数（Structural Similarity，SSIM）对重构质量的优劣进行评判。

PSNR（峰值信噪比）是评估图像质量的关键指标，它依据图像像素的最大值和均方误差（MSE）进行定义。为了评估处理后的图像质量，常常参考 PSNR 值以衡量算法的有效性。PSNR 的单位为分贝（dB），其数值越高，意味着图像失真越小。下面，来详细探讨 PSNR 的计算公式：

$$PSNR = 10 \cdot \lg\left(\frac{MAX^2}{MSE}\right) \tag{4.45}$$

式中，MAX 为图像像素值的最大值，对于 8 位灰度图像，其值为 255；MSE 为均方误差，表示原图像与处理后图像之间每个像素点的差异的平均值。对于给定一个分辨率为 $m \times n$ 的原始图像 I 和对其添加噪声后的噪声图像 K，其 MSE 可定义为：

$$MSE = \frac{1}{mn}\sum_{i=0}^{m-1}\sum_{j=0}^{n-1}\left[I(i, j) - K(i, j)\right]^2 \tag{4.46}$$

PSNR 是信号最大可能功率与影响其表示精度的破坏性噪声功率的比值。根据公式（4.45）的定义可以知道这个比值越高，图像的质量就越好，这时候原始图像与处理后的图像之间的差异越小。一般来说，当 PSNR 值达到 30 dB 时，表明该图像的质量已经很接近原图了，人们很难通过肉眼去识别二者之间的差异。此外，对于彩色图像，PSNR 的计算方法略有不同。一种可行的方法是分别计算 RGB 三个通道每个通道的 MSE 值，然后求平均值，进而得到整体的 PSNR 值。

相较于 PSNR，SSIM 在衡量图像或视频的感知质量方面展现出更高的优越性。鉴于人类视觉系统对结构相似性的敏锐感知，SSIM 能更精确地反映图像或视频的感知质量，从而更贴近人类的主观感受。作为一种强大且灵活的图像质量评价指标，SSIM 能够全面捕捉图像在亮度、对比度和结构上的变化，提供了全面且准确的图像质量评估方法。

无论是用于图像处理算法的性能评估，还是用于比较不同图像之间的差异，SSIM 都是一个非常有用的工具。它常被用于评估图像失真前后的相似性，或模型生成图像的真实性，如图像去雨、去雾、和谐化等处理后的效果。该指标的计算基于滑动窗口实现，每次从图片上取一个固定尺寸的窗口，基于该窗口计算 SSIM 指标，然后遍历整张图像并将所有窗口的数值取平均值，最终得到整张图像的 SSIM 指标。SSIM 的计算公式如下：

$$SSIM(x,\ y) = \frac{(2\mu_x\mu_y + C_1)(2\sigma_{xy} + C_2)}{(\mu_x^2 + \mu_y^2 + C_1)(\sigma_x^2 + \sigma_y^2 + C_2)} \qquad (4.47)$$

式中，x 和 y 分别为原始图像和处理后的图像；μ_x 和 μ_y 分别为 x 和 y 的均值，代表亮度信息；σ_x 和 σ_y 分别为 x 和 y 的标准差，代表对比度信息；σ_{xy} 为 x 和 y 的协方差，代表结构信息；C_1 和 C_2 为常数，用于避免分母为 0 的情况。从公式中可以看出，SSIM 主要由三部分组成：亮度对比函数、对比度对比函数和结构对比函数。这三部分共同描述了图像的结构相似性。通过计算原始图像和处理后图像在这三个方面的相似度，SSIM 能够给出一个综合的相似度评分。

图 4.12 为三种方法的渲染结果，从图中发现由于 MAMD 和 SIPA 考虑的因素较少，它们缺乏对场景中阴影属性的考虑，导致渲染产生严重的重影。相比之下，本书的方法可以渲染出场景的丰富纹理细节，并保证渲染得到的新视点不会出现失真。此外还对比了四组场景的 PSNR，其平均值如表 4.3 所示，本书的方法相较于另外两种方法渲染结果的 PSNR 值高出 0.5~1 dB，表明了本书方法的

表 4.3　不同方法渲染新视点图像的平均 PSNR　　　　　　　　（dB）

方　法	墙	茶壶	森林	街道
本书的方法	33.161	33.05	28.972	31.544
MAMD	31.44	32.219	28.293	30.381
SIPA	32.074	32.528	28.406	30.634

　　可靠性。总之，本书提出的 SLF 采样方法对不同的阴影场景具有较好的渲染效果。

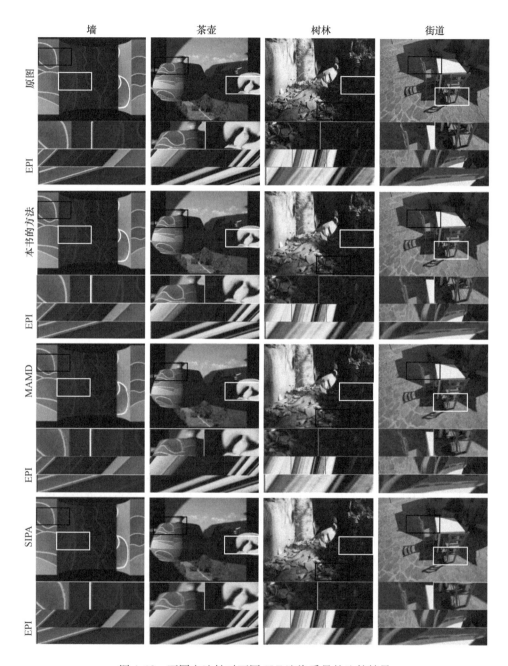

图 4.12　不同方法针对不同 SLF 渲染质量的比较结果

4.3 阴影光场重建的高维卷积神经网络研究

4.2 节中已经详细阐述了光场的四维表示形式 $p(u, v, \xi, t)$，在本节中，将进一步探讨阴影光场角度超分辨率问题，这一问题本质上可以被视为一种高维张量的恢复过程。具体而言，采样一组稀疏图像作为网络模型的输入，旨在通过模型生成稠密的视点图像，该过程可以表示为：

$$I^{HR}(u, v, \xi, t) = F[I^{LR}(u, v, \xi, t), S; \Theta] \tag{4.48}$$

式中，I^{LR} 为稀疏图像集合；I^{HR} 为生成新视点后所有图像集合；S 为场景中的阴影特征；$\Theta = \{\theta_1, \theta_2, \cdots, \theta_n\}$ 为网络的参数集；$F(\cdot)$ 为稀疏视点图像到稠密视点图像的映射过程。鉴于网络包含多个隐藏层，每个隐藏层的输出均作为下一层的输入，因此，一个模型会包含多个映射函数 $F(\cdot)$。参数集 Θ 作用于每一个隐藏层，其中的每个小参数 $\theta_n = \{W_n, b_n\}$ 均包含一个权重参数和一个偏置项，共同协助模型完成数据映射任务。此外，为了赋予模型非线性逼近目标的能力，在网络的前向传播过程中引入了激活函数 $A(\cdot)$，从而有效地引入了非线性因素。这样的设计使得模型能够处理更复杂的映射关系，提高了其表达能力和适应性。这种映射关系可以写成：

$$F_n(I^{LR}, S; \theta_n) = A_n[W_n \cdot F_{n-1}(I^{LR}, S; \theta_{n-1}) + b_n] \tag{4.49}$$

其中，$n \geq 1$，表示网络层数。激活函数在神经网络中扮演着至关重要的角色，它们能够使得神经网络模型不再局限于线性变换，从而能够学习并逼近更复杂的、非线性的函数关系。有了非线性前向传播表达能力，还需要进行反向传播以更新模型参数进而提高模型拟合能力。

在参数更新阶段，损失函数 $L(\cdot)$ 发挥着关键的作用。由于目标是找到一组能够最小化预测误差的参数，因此考虑将损失函数作为优化算法的目标函数。优化算法会根据损失函数的梯度信息来更新模型的参数 Θ，通过反复更新参数逐步降低损失函数的值，最终使重建的图像无限接近原图。将参数的更新表示为：

$$\Theta^* = \mathop{\arg\min}_{\Theta} L(I^{LR}, I^{HR}) \tag{4.50}$$

网络以一种端到端的方式，直接完成稀疏视点图像集 I^{LR} 到稠密视点图像集 I^{HR} 的映射，在单个前向传播网络中完成阴影光场的重建。

4.3.1 网络结构

本书借助数学化分析和傅里叶变换的手段，深入剖析了阴影对场景产生的具体影响。具体而言，阴影的产生导致顶峰能量降低并向外扩散，其中顶峰能量与高频信号相对应，这些高频信号正是图像中灰度变化剧烈部分的体现，例如物体的轮廓、不同物体间的分界线以及图像的细微纹理等。高频信号的缺失会直接导致重构图像细节的模糊与失真，这对于实现高质量图像重构而言，无疑是极为不利的。因此，正确处理阴影对于提升图像重构质量至关重要。为了更好提取阴影中的高频特征，在角度超分辨（Super Resolution，SR）之前先对图像进行了块间阈值直方增强（Block Threshold Square Reinforcement，BTSR）处理。该方法重新分配像素值，块间阈值直方增强使得图像对比度更加鲜明，凸显出原本难以区分的纹理细节。同时，它还能减少背景噪声的干扰，使纹理特征更加突出。因此，BTSR 不仅改善了图像的视觉效果，还为阴影区间的纹理信息提取和分析提供了更有利的条件，提高了处理的准确性和效率。

为了使重建的图像与真实值在结构和像素上分别保持完整性和一致性。不仅需要提取光场图像的阴影特征信息，还要关注图像对 SR 起决定作用的像素区域而忽略无关紧要的区域。四维 CNN 已经可以对阴影图像实现较好的 SR，但是它对于特征图中语义信息的重要性的把握仍不够充分。许多研究者为了更全面地提取图像全局信息，不断增大感受野去获取场景的语义信息。虽然网络的语义信息变得丰富了，但是没有根据信息的重要性进行区分和分别处理。这不但导致低层图像纹理信息的丢失，而且使得重要的信息区域没有得到更好的处理，进而影响生成的新视图的质量。因此，本书首先改进了注意力机制 CBAM，扩展它的输入维度，使之成为高维注意力模块（High Dimensional Attention Module，HDAM）。该模块能够适应高维度的特征图，并且沿着 $(u，v，\xi，t)$ 的高维特征信息推断注意力图。通过引入注意力机制，在众多的输入信息中聚焦于对当前任务更为关键的信息。降低对其他信息的关注度，甚至过滤掉无关信息。这样就可以解决信息过载问题，并提高任务处理的效率和准确性。此外，本书还更换了激活函数，将 LeakyReLU 换成了 GELU，抑制了预测过程中负值较大的像素点的产生，使网络有更高的重建效果。

本书提出一个改进的融合了注意力机制的四维卷积角度 SR 网络。如图 4.13 所示，绿色箭头表示卷积，蓝色箭头表示激活函数，黄色箭头表示归一化操作，粉色箭头表示上采样。首先对图像进行增强的预处理，增强后的图像需要从 RGB 转化为 YCbCr 格式。将图像的 Y 通道作为输入，利用四维卷积提取图像特征，并用 HDAM 指导网络关注重要区域。最后将特征图上采样到与真实值相同的视图数，实现角度 SR。

4.3.2　网络结构模块功能

4.3.2.1　图像增强预处理

阴影区域的重建效果往往不如预期，这主要源于在较暗的图像中，纹理信息受到抑制，导致网络难以提取有效的特征。特别是图像的高频部分，由于亮度较低而显得模糊，不同物体间的边界变得模糊不清，进而使得多种物体边界难以精

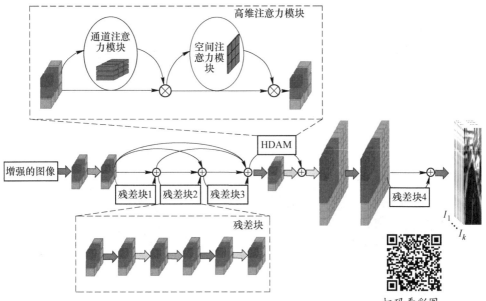

图 4.13 四维阴影光场重建网络结构

扫码看彩图

确区分。这种情况下，存在遮挡和复杂纹理的场景在重构时极易出现失真和重影现象。为了克服这些问题，采用 BTSR 技术对图像进行增强，旨在提高物体间的对比度，使纹理信息更为突出。

在单张图像中，像素之间的关联性与它们在空间上的距离成反比。所以在图像增强之前先将图像 $I(x, y)$ 分割成 k 个 $N×N$ 的小块，得到局部区域集合 $R = \{R_1, R_2, \cdots, R_k\}$，其中 k 为局部区域的个数。对每个块进行直方图均衡化增强，得到增强局部区域。增强的表达式如下：

$$E_i(x, y) = T[R_i(x, y)] \tag{4.51}$$

式中，T 为映射函数，表示将局部区域 R_i 中位置为 (x, y) 的像素值映射到新的像素值 $E_i(x, y)$。为了避免过度增加对比度，需要对每个局部区域应用对比度限制。对比度限制的公式如下：

$$CE(x, y) = \begin{cases} E_i(x, y), & \sigma_i \leq H \\ \dfrac{E_i(x, y)H}{\sigma_i}, & \sigma_i > H' \end{cases} \tag{4.52}$$

式中，σ_i 为局部区域 E_i 中像素值的标准差；H 为指定的阈值。最后将对比度限制的增强局部区域 CE_i 重新组合成最终的增强图像。

$$F(x, y) = \begin{cases} CE_i(x, y), & (x, y) \in R_i \\ I(x, y), & 其他 \end{cases} \tag{4.53}$$

为了简化训练，将增强后的 RGB 图像转化为 YCbCr 的格式。Y 表示图像的强度、亮度，Cb 和 Cr 分别表示图像的蓝色色度和红色色度。图像的 Y 通道具有原图像的所有纹理信息，在训练时只需要用 Y 通道图像作为输入即可。图像增强后的效果如图 4.14 所示，左边为原图的 RGB 和 Y 通道，右边为增强后的 RGB 和 Y 通道。可以很明显看出，增强后的图像纹理更加明显，无论是 RGB 图像还是 Y 通道图像。

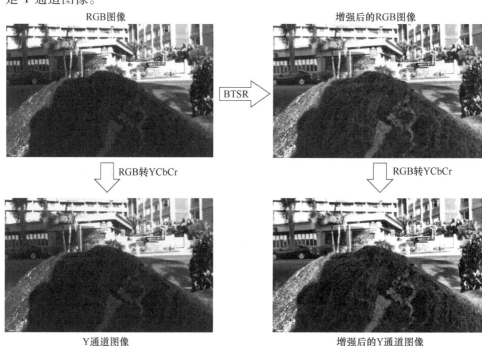

图 4.14　将原图与增强后的图像进行对比

扫码看彩图

4.3.2.2　高维注意力模块

注意力机制的核心是资源分配，根据目标的重要性来调整资源的分配方式，以便更关注于重要的对象。在 CNN 中，注意力机制调整权重参数的分配。通过为关注对象分配更多的权重参数，在特征提取过程中增强对这些对象的表征能力。将注意力机制引入新视点合成任务可以提高模型的表征能力，减少无关目标的干扰，增强对关注目标的重建效果，并提高整体的视觉效果。

在网络中引入了 HDAM，该模块是一种用于增强 CNN 性能的注意力机制。它通过在 CNN 的不同层级上引入通道注意力和空间注意力来提高模型的表达能力和感知能力。

通道注意力旨在通过对每个通道的特征图施加权重，来提高模型对关键特征的注意程度。该技术首先对所有通道进行全局平均池化操作，将每个通道的特征图压缩成一个标量。随后，将标量输入到两个全连接层中进行优化，以捕捉通道间的依赖关系。最终，利用 Sigmoid 函数将得到的加权系数规范至 0~1 的范围内，该系数和原通道特征图进行乘积便可对通道中的重要信息进行加权，使得网络关注这些信息。

空间注意力则是对单张特征图的不同空间位置进行加权，以增强重要区域的表达。通过在每个通道上进行最大池化和平均池化操作，可以得到两个特征图，将它们拼接在一起并通过单次卷积操作进行学习。最后同样使用 Sigmoid 函数将加权系数限制在 0~1 范围。原特征图与空间注意力得到的加权系数的乘积包含了场景中需要注意的关键信息。

HDAM 沿着四维卷积特征图的输出，依次调用通道注意力和空间注意力。指导网络对每个特征模块分配不同的注意力。注意，将 HDAM 放在了上采样之前，这么做可以确保网络的感受野足够大。同时使感受野和通道数的权重比例在一定程度上达成平衡。特征模块通过 HDAM 的自适应修饰后，在上采样时可以更好地保留和处理图像中重要的场景。

4.3.2.3 GELU 激活函数

在训练过程中，部分像素的预测值可能会出现负值。鉴于图像中所有像素的亮度值均应非负，需对预测中出现的负值进行适当处理。一般而言，接近零的负值像素对图像的贡献仍有一定意义，应予以保留。相反，远离零的负值像素由于其贡献微不足道，应予以剔除。因此，选用 GELU 作为网络的激活函数，其数学表达式为：

$$\text{GELU}(X) = 0.5 \cdot x \cdot \left\{ 1 + \tanh\left[\sqrt{\frac{2}{\pi}} \left(x + 0.044715x^3 \right) \right] \right\} \tag{4.54}$$

该函数不仅能够有效处理负值像素，而且能够精准保留对图像有用的信息，进而显著提升模型的性能。从函数特性来看，其对像素值的处理方式与本书的预期高度契合。GELU 函数在实数域内均具备可导性，连续且平滑的特性使其在训练过程中更易于优化，从而实现更快的收敛速度。相较于 LeakyReLU，GELU 在接近零的区域拥有更大的梯度，这一特性使其在减轻梯度消失问题并促进梯度传播方面更具优势。此外，GELU 的非线性特性能够引入更多样化的非线性变换，从而增强模型的特征表达能力。

4.3.3 实验结果和分析

本书在真实世界[89]和合成场景[90]上进行了综合实验，旨在验证所提出方法的有效性。在重建任务中，利用 3×3 子视点图来重建 9×9 稠密光场。将提出的方法与 Meng 等人[9]提出的两种光场角度重建方法（HDDRNet 和 M-HDDRNet）进行了比较。本书采用了重构的 SAI 与其对应真实值的平均 PSNR 和 SSIM 作为性能评价标准。

4.3.3.1　真实世界场景

表 4.4 中详细展示了本书的方法与 HDDRNet 和 M-HDDRNet 在真实世界数据集上关于 PSNR 的定量比较结果。通过仔细分析表中数据，可以清晰地看出，本书提出的光场角度 SR 网络在目标质量方面展现出了显著的优势。

表 4.4　三种技术对光场数据集 Reflective_29、Occlusions_9 和
Cars_7 重建的 PSNR 定量比较　　　　　　　　　（dB）

方　法	Reflective_29	Occlusions_9	Cars_7
本书的方法	41. 195	40. 676	38. 315
HDDRNet	35. 969	36. 235	34. 164
M-HDDRNet	36. 021	36. 276	34. 219

从表 4.5 可以看出，本书的方法在所有测试光场数据集的 SSIM 上也获得了一致且优异的表现。这主要归功于本书在网络训练过程中引入了高维注意力模块。这一创新设计使得网络能够更加精准地识别并聚焦于对 SR 有用的阴影场景特征，从而有效引导网络将重建的重点放在这些关键特征上。通过这种方式，能够实现更加有针对性的重建，特别是在处理细微纹理区域时，能够获得更为出色的重建质量。

表 4.5　三种技术对光场数据集 Reflective_29、Occlusions_9 和
Cars_7 重建的 SSIM 定量比较　　　　　　　　　（无量纲）

方　法	Reflective_29	Occlusions_9	Cars_7
本书的方法	0. 989	0. 962	0. 979
HDDRNet	0. 975	0. 942	0. 964
M-HDDRNet	0. 976	0. 943	0. 964

图 4.15 为三个真实世界场景的 SAI 经过三种不同方法重建后的视觉对比效果。这次对比深入了解了真实值 SAI 的细节，同时观察到了 Y 通道重建 SAI 的误差分布。为了更细致地分析，图 4.15 中还呈现了红色和绿色框内的 SAI 特写，以及蓝色线提取的 EPI 及其特写画面。

在 Reflective_29 场景中，反射表面导致的阴影为重建带来了挑战；而 Occlusions_9 场景中，众多的遮挡区域更是增加了阴影区域重建的难度；Cars_7 场景则以其复杂的纹理和显著的色差特点，考验着各种重建方法的性能。

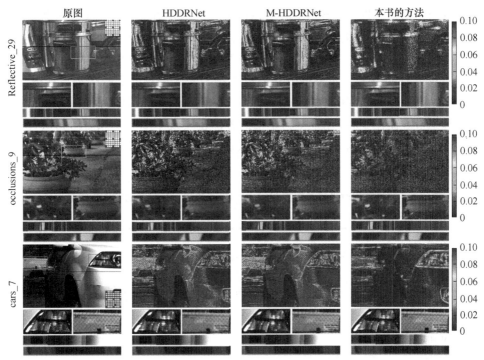

图 4.15　三种方法对真实世界角度超分辨率的直观比较

扫码看彩图

从对比结果来看，本书的方法在 SAI 重建的感知质量上展现出了显著的优势。尤其是在处理视差变化这一影响重建质量的关键因素时，本书的方法表现得更为出色。从特写图像和误差图中，可以明显观察到 HDDRNet 和 M-HDDRNet 在重建过程中存在模糊和重影伪影，而本书的方法不仅在整体重建质量上更胜一筹，而且在细节的处理和恢复上也展现出了卓越的能力。

4.3.3.2　合成场景

为了验证本书的方法在合成场景中的有效性，进行了另一组实验，本次实验选取 HCI 数据集中的三个具有代表性的合成场景：Cotton、Dino 和 Tomb。这些场景各具特色，很适合用于对比场景。比如，Cotton 场景具有复杂的阴影和反光现象，Dino 场景中拥有非常丰富的线条纹理，而 Tomb 场景则存在类似噪点的复杂纹理，这三个场景的大部分色调都偏暗，都有着类似于阴影的效果。

在表 4.6 和表 4.7 中，详细列出了三种方法在 PSNR 和 SSIM 两个指标上的定量比较结果。从这些数据中，可以清晰地看到，本书的方法在所有测试场景中均展现出了卓越的性能，PSNR 值均超过了其他两种方法。特别值得一提的是，在 Cotton 场景中，本书的方法实现了高达 4.668 dB 的平均 PSNR 增益，这充分证明了本书的方法在处理具有自遮挡阴影和反光的光滑表面 LF 合成场景时的出色表现。对于 Dino 场景，本书的方法同样取得了令人满意的实验结果。这得益于在网络训练过程中采用的增强预处理技术，它使得网络能够更加敏锐地感知并处理纹理细节。而在 Tomb 场景中，本书的方法也实现了 2.683 dB 的 PSNR 增益，这进一步证明了本书的方法在面对具有噪点纹理的复杂场景时，同样具备强大的抗干扰能力。

表 4.6　三种算法对光场数据集 Cotton、Dino 和 Tomb 重建的 PSNR 定量比较

（dB）

方　法	Cotton	Dino	Tomb
本书的方法	43.368	39.215	39.088
HDDRNet	38.700	34.472	36.405
M-HDDRNet	38.822	34.615	36.468

表 4.7　三种算法对光场数据集 Cotton、Dino 和 Tomb 重建的 SSIM 定量比较

（无量纲）

方　法	Cotton	Dino	Tomb
本书的方法	0.973	0.949	0.900
HDDRNet	0.953	0.913	0.852
M-HDDRNet	0.955	0.916	0.855

图 4.16 为三种方法在重建过程中的直观对比，凸显了它们各自的特点与差异。特别是在 Tomb 场景的重建中，HDDRNet 和 M-HDDRNet 的局限性显得尤为突出。这两种方法在高频区域的重建效果不佳，导致高频纹理丢失，影响了整体重建的质量。相比之下，本书的方法通过深入挖掘并利用更多的纹理信息，成功恢复了众多高频细节纹理，显著提升了重建的精度和逼真度。

当进一步审视特写图像和误差图时，不难发现本书的方法在 Dino 和 Cotton 场景中也展现出了出色的性能。无论是在纹理丰富的区域还是在边缘细节的处理上，本书的方法都表现出了卓越的能力。

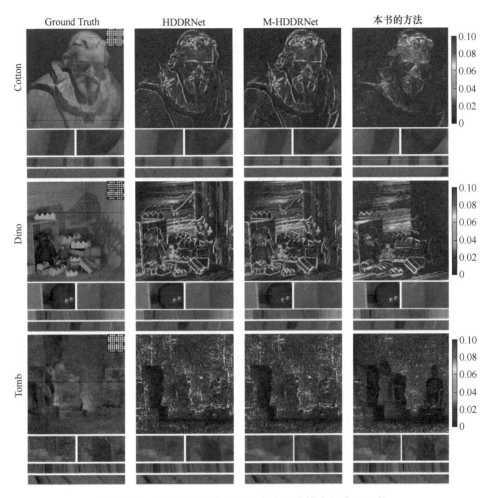

图 4.16　三种方法对合成场景角度超分辨率的直观比较

5 面向 VR 视频流的高效传输优化与缓存算法研究

5.1 端边云系统中的 VR 视频流模型与最佳时长分配

5.1.1 端边云系统中的 VR 视频流模型

5.1.1.1 系统模型

在端边云系统中，考虑一个基于切片的主动 VR 视频流传输模型，可以避免 MTP 时延[91,92]，如图 5.1 所示。模型包括一些佩戴 HMD 的用户、一个与基站（BS）位于同一位置的 MEC 服务器、一个远程云服务器。用户佩戴 HMD 观看 VR 视频，数据请求首先发送到 MEC 服务器，如果 MEC 服务器缓存了请求内容，它将立即响应请求，否则，MEC 服务器转发请求到远程云服务器获取请求内容，那里保存了所有 VR 视频 $V = \{V_1, V_2, \cdots, V_i, \cdots\}$ 内容。HMD 和 MEC 服务器都可以渲染 VR 视频，但只考虑在 MEC 服务器进行渲染任务，因为这样可以减少 HMD 处理数据的时延，所以请求的内容都会在 MEC 服务器渲染成 3D 球形视频数据后再发送到用户 HMD。

图 5.1 基于端边云系统的 VR 视频流传输模型

如图 5.2 所示，VR 视频 V_i 在时域由多个片段 $S = \{S_1, S_2, \cdots, S_i, \cdots\}$ 组成，每个片段在空间域由多个切片 $Te = \{Te_1, Te_2, \cdots, Te_i, \cdots\}$ 组成。假设 MEC 服务器的缓存大小为 b，即 MEC 服务器最多可以缓存 b 个切片，并设 MEC 服务器缓存内容为 $B_{te} = \{B_1, B_2, \cdots, B_b\}$。HMD 可以记录用户头部运动数据，

并发送数据到 MEC 服务器。用户头部运动数据被用来预测用户未来 FoV，系统根据预测内容提前处理未来请求数据。

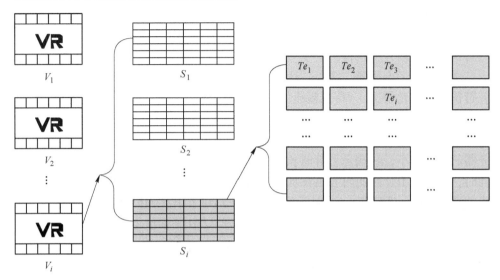

图 5.2　VR 视频切片组成

为了避免 MTP 时延带来的眩晕影响，在 VR 视频流传输中使用 FoV 预测、FoV 传输和移动边缘计算技术。将 VR 视频流传输分为四部分：预测、缓存、计算、传输，每一部分的描述如下。

（1）预测：每一个 VR 视频在时域上被分为 $|S|$ 个片段，利用第 s 个片段内的信息去预测第 $s+1$ 片段用户 FoV。在第 s 片段内，选择利用的信息量可多可少，但不能超过第 s 片段内的信息量。假设在一个片段内预测时间大小与预测结果成正比。使用预测窗口大小表示预测时间大小。

（2）缓存：缓存部分包括了远程请求和缓存内容更新，MEC 服务器接收用户的请求，未在 MEC 服务器缓存的请求内容要转发请求到远程服务器获取，并对边缘缓存更新。缓存策略的性能决定命中率大小，命中率则影响远程请求的内容量，进而影响远程请求时延。缓存更新时间与远程请求时延比较可以忽略不计，所以使用远程请求时延大小表示缓存部分的处理时间大小。

（3）计算：计算阶段指的是 VR 视频数据渲染过程，用户请求数据会在 MEC 服务器渲染成 3D 球形 FoV 再发送到用户 HMD。使用渲染时间的大小表示计算处理时间的大小。

（4）传输：将 MEC 服务器中渲染好的 VR 数据无线传输到用户 HMD。传输时间长短决定用户接收到的数据量。

因为缓存策略决定请求远程服务器的时延大小，所以将远程请求划入缓存部分。因为预测完才能发起请求，所以预测和其他三部分是串行执行的。在 MEC 服务器将 2D 数据渲染成 3D 球形数据后才能进行传输，所以最后一步传输和其他三部分也是串行执行的。缓存部分和预测、传输是串行执行的，计算部分也是和预测、传输串行执行的。缓存和计算之间，根据 MEC 服务器的设定，既可以串行执行也可以并行执行。

本书分别考虑预测、缓存、计算、传输四个步骤全部串行执行和缓存、计算并行执行的优化情况。VR 视频流传输过程如图 5.3 所示，横坐标表示时间流向，使用 T^b 表示第 s 个片段播放的开始时间，T^e 表示播放的结束时间，T_{seg} 表示一个片段的播放时长。t_{pdc} 表示预测时长，也称为观测窗口大小，t_{req} 表示请求远程服务器的时延大小，t_{cpt} 表示计算时长，t_{tra} 表示传输时长。在第 s 个片段播放开始的同时，第 $s+1$ 个片段的内容也在加工处理。首先在 t_{pdc} 观测窗口下求出第 $s+1$ 片段的预测 FoV，然后用 t_{req} 的时间到远程服务器请求未在 MEC 服务器缓存的预测内容，之后用时 t_{cpt} 将预测内容在 MEC 服务器从 2D 平面渲染成 3D 球形，最后在 T^e 之前将处理好的内容传输到用户 HMD。总之，预测、缓存、计算和传输四步总用时要小于等于一个片段的播放用时，即 $t_{pdc} + t_{req} + t_{cpt} + t_{tra} \leqslant T_{seg}$。在并行的情况下，缓存和计算阶段同时进行，合并这两步骤，时间用 t_{cr} 表示，则四步时间总和表示为 $t_{pdc} + t_{cr} + t_{tra} \leqslant T_{seg}$。

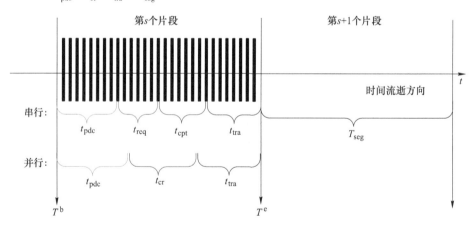

图 5.3　VR 视频流四步处理过程

5.1.1.2　预测、缓存、计算和传输模型

A　预测模型

预测指的是基于过去的用户头部运动序列数据来预测用户在未来时刻的 FoV。预测效果与预测器的选择和观测窗口 t_{pdc} 的大小有关。在一定时间范围内，观察到的头部运动序列越多，预测效果越好。然而，观察窗口 t_{pdc} 并不是越大越好，过早的头部运动数据对下一时刻的预测没有帮助。本书主要研究 VR 视频流

的四步优化和缓存算法的设计，因此不设计新的预测器，而是选择现有的预测器参与优化分析，其并不影响研究的结果。使用 LR[93] 和 CB[94]（Contextual Bandit）方法进行预测。并假设在一个片段 S_i 的播放时间内，观察窗口 t_{pdc} 变大会产生良好的预测结果。

考虑使用重叠程度 DoO_i^{seg} 表示一个段 S_i 中预测切片与请求切片的重叠程度[92]，其表示为：

$$DoO_i^{seg}(t_{pdc}) \triangleq \frac{\boldsymbol{r}_i^T \cdot p_i(t_{pdc})}{\parallel r \parallel_1} \tag{5.1}$$

式中，t_{pdc} 为预测时间大小，即预测窗口大小；$\boldsymbol{r}_i \triangleq [r_{i,1}, r_{i,2}, \cdots, r_{i,|TE|}]$ 为事实请求内容，$\boldsymbol{r}_{i,j} \in \{0,1\}$，$\boldsymbol{r}_{i,j} = 1$ 表示第 j 个切片在第 i 段内真实被请求，否则 $\boldsymbol{r}_{i,j} = 0$。$p_i(t_{pdc}) \triangleq [p_{i,1}(t_{pdc}), p_{i,2}(t_{pdc}), \cdots, p_{i,|TE|}(t_{pdc})]$ 表示预测请求内容。$p_{i,j}(t_{pdc}) \in \{0,1\}$，$p_{i,j}(t_{pdc}) = 1$ 表示第 j 个切片在第 i 段内真实被请求，否则 $p_{i,j}(t_{pdc}) = 0$。$(\cdot)^T$ 表示向量转置。$DoO_i^{seg}(t_{pdc})$ 值位于 0~1 范围，越接近 1 表示预测内容与真实内容重叠程度越高，即预测效果越好。

B 缓存模型

由于边缘缓存大小有限，MEC 服务器无法缓存所有 VR 视频。因此，用户请求不在边缘的内容需要 MEC 服务器将请求转发到远程服务器进行获取。向远程服务器请求内容的时延与远程请求的切片数量有关，所以，远程请求时延表示为：

$$t_{req} = n_0 \cdot T_{req} \tag{5.2}$$

式中，T_{req} 为在 MEC 服务器请求远程服务器一个切片需要的时延；n_0 为需要请求远程服务器的切片数量。缓存步骤主要通过影响远程请求时延进而提高用户 QoE，具有良好性能的缓存算法可以大大减少远程请求切片的数量，进而大大减少远程请求延迟，则更多的时间可用于预测、计算和传输，HMD 可以播放更高质量、更准确的 FoV。从而提高了观看 VR 视频的用户 QoE。

C 计算模型

在计算时间 t_{cpt} 内渲染预测内容，计算时间内包含两个任务：连接切片以生成连续的二维 FoV[95]，将二维 FoV 转换为 3D 球形 FoV[92]。在实践中，MEC 服务器上配备的 GPU 具有实时渲染的能力。在 MEC 服务器中渲染 VR 视频的计算资源平均分配给每个用户。所以，用户的计算速率表示为：

$$C_{cpt} \triangleq \frac{C_{all}}{K \cdot U_0} \quad (\text{bits/s}) \tag{5.3}$$

式中，C_{all} 为总计算资源（FLOPS），其应当被平等地分配给 K 个用户。渲染一个比特数据所需的 FLOPS 表示为 U_0。MEC 服务器渲染时间表示为：

$$t_{cpt} = \frac{(R_w \cdot R_h \cdot b \cdot N_{tf}) \cdot N_{fov}}{C_{cpt}} \tag{5.4}$$

式中，R_w 和 R_h 分别为切片的宽像素和高像素数目；b 为每个像素的位数；N_{tf} 为切片帧数量；N_{fov} 为 FoV 中包含的切片数量；$(R_w \cdot R_h \cdot b \cdot N_{tf})$ 为一个切片包含的比特数。一个切片包含的比特数与 FoV 切片数量相乘除以计算速率为渲染整个 FoV 的时间。在系统 VR 视频流处理中，分配的计算时间大小 t_{cpt} 决定数据渲染完成的数量。

D　传输模型

经过预测、缓存和计算处理的数据需要在 t_{tra} 时间内传输到用户 HMD，传输时间 t_{tra} 被表示为：

$$t_{tra} \triangleq \frac{(R_w \cdot R_h \cdot b \cdot N_{tf}) \cdot N_{fov}}{C_{tra} \cdot \gamma} \tag{5.5}$$

式中，C_{tra} 为传输速率；γ 为无损压缩比；N_{tf} 为切片帧数。

5.1.2　VR 视频流的优化问题

5.1.2.1　用户 QoE 的性能度量

在预测方面，使用重叠程度（Degree of Overlap，DoO）来表示预测结果的好坏，其指的是预测 FoV 与真实 FoV 重叠部分占总 FoV 的比例。假设在一个片段播放范围内，观察窗口越大，预测结果越好。使用平均段重叠程度表示预测一个 VR 视频的性能，其表示为：

$$\mathrm{DoO}(t_{pdc}) \triangleq \frac{1}{|S|} \sum_{s=1}^{s=|S|} \mathrm{DoO}_s^{seg}(t_{pdc}) = \sum_{n=0}^{\infty} a_n t_{pdc}^n \tag{5.6}$$

式中，第二个等式为幂级数展开，其适用于任何无限可微函数，参数 a_n 的值取决于预测器。对于任何预先确定的 T_{seg} 值，预测器可以用更长的观察窗口 t_{pdc} 使预测结果更准确，因为要预测的内容更接近已经观察到的头部运动序列，因此与已经观察到头部运动序列更加相关。

在计算和传输方面，计算和传输的性能可以通过完成率（Completion Rate）来表示，计算完成率指的是完成计算的数据量占需要计算的总数据量的比例，传输完成率指的是完成传输的数据量占需要传输的总数据量的比例。计算完成率和传输完成率表示如下：

$$R_{cpt} \triangleq \min\left\{1, \frac{C_{cpt} \cdot t_{cpt}}{s_{cpt} \cdot N_{fov}}\right\} \tag{5.7}$$

$$R_{tra} \triangleq \min\left\{1, \frac{C_{tra} \cdot t_{tra}}{s_{tra} \cdot N_{fov}}\right\} \tag{5.8}$$

式中，s_{cpt} 和 s_{tra} 分别为计算和传输一个切片的比特数；$\dfrac{C_{cpt} \cdot t_{cpt}}{s_{cpt} \cdot N_{fov}}$ 为在计算时间 t_{cpt}

内的计算完成率；$\dfrac{C_{tra} \cdot t_{tra}}{s_{tra} \cdot N_{fov}}$ 为在传输时间 t_{tra} 内的传输完成率。因为计算和传输的

数据量不能超过数据的总量，所以 $R_{cpt}(t_{cpt})$ 和 $R_{tra}(t_{tra})$ 都是小于等于 1 的数值，越接近 1 表示完成率越高。

在缓存方面，与用户性能相关的是内容命中率和远程请求时延。如果内容命中率为 100%，那么可以从 MEC 服务器获得所有需要的数据进行计算和传输。通常内容命中率不会是 100%，那么想获得更多数据进行计算和传输就需要产生远程请求时延。本书用边缘完成率表示缓存部分的性能，其指的是边缘获取的数据量加上允许产生一定时延 t_{req} 获取的数据量占总数据量的比例，其被表示为：

$$R_{req} \triangleq \min\left\{H_r + \frac{t_{req}}{T_{req} \cdot N_{fov}}, 1\right\} \tag{5.9}$$

式中，H_r 为内容命中率，$0 \leqslant H_r \leqslant 1$；分配的请求时延 t_{req} 与请求一个切分需要的

时延 T_{req} 的比 $\dfrac{t_{req}}{T_{req}}$ 表示分配的请求时延 t_{req} 能够请求到多少切片；$\dfrac{t_{req}}{T_{req} \cdot N_{fov}}$ 为请求到

的数据占总数据的比例；$H_r + \dfrac{t_{req}}{T_{req} \cdot N_{fov}}$ 为在请求时延 t_{req} 下可得到用于计算和传输

的数据量占需要的总数据量的比例。用于计算和传输的可得数据不能超过总共需要的数据量，所以边缘完成率小于等于 100%。

综上，通过式（5.7）~式（5.9）可知，计算、传输和缓存都是影响用户最后得到多少数据量，可以通过木桶最短板理论将计算完成率、传输完成率和边缘完成率合成表示为完成率，其表示如下：

$$CR \triangleq \min\left\{1, \frac{C_{cpt} \cdot t_{cpt}}{s_{cpt} \cdot t_{fov}}, \frac{C_{tra} \cdot t_{tra}}{s_{tra} \cdot N_{fov}}, H_r + \frac{t_{req}}{T_{req} \cdot N_{fov}}\right\} \tag{5.10}$$

用户 QoE 取决于时延和看到画面的质量，基于切片的主动 VR 视频流通过提前预测和在规定时间内处理传送预测内容解决了时延问题，画面的质量取决于到达用户 HMD 收到的内容量和内容准确度。DoO 大小表示预测的准不准，决定内容的准确度。缓存、计算和传输的完成率决定送达用户 HMD 内容量的大小。所以预测、缓存、计算和传输共同决定画面质量，进而决定用户 QoE。借鉴研究[13] 中描述的用内容准确率和内容完成率表示用户 QoE，本书用户 QoE 通过使用式（5.6）重叠程度和式（5.10）的完成率表示为：

$$QoE \triangleq DoO \cdot CR \tag{5.11}$$

式中，DoO 为式（5.6）的重叠程度表示；CR 为式（5.10）的完成率表示，DoO 和 CR 的取值都为 0~1，所以 QoE 取值也为 0~1。HMD 收到视频内容越准确越充分，即越用户体验质量越好。

5.1.2.2　预测、缓存、计算和传输联合优化

基于切片的主动 VR 视频流为了消除时延对用户体验的影响，系统需要在一定时间内处理好视频流内容。在选定预测算法、缓存策略，并且已知计算速率和传输速率的情况下，如何把有限的处理时间分配给预测、缓存、计算和传输四步、最大化用户 QoE 是本书要解决的问题。如图 5.3 所示，因为四步处理存在串行处理和并行处理两种情况，所以问题分两种情况讨论。联合优化四步最大化用户 QoE，用问题 P1 表示。串行优化问题如式（5.12）所示，并行优化问题如式（5.13）所示，具体如下：

$$P1: \max_{t_{pdc}, t_{req}, t_{cpt}, t_{tra}} \quad QoE = DoO \cdot CR$$

$$s.t. \quad t_{pdc} + t_{req} + t_{cpt} + t_{tra} \leqslant T_{seg}$$

$$t_{req}, t_{cpt}, t_{tra} \geqslant 0$$

$$t_{pdc} \geqslant \tau \tag{5.12}$$

$$P1: \max_{t_{pdc}, t_{cr}, t_{tra}} \quad QoE = DoO \cdot CR$$

$$s.t. \quad t_{pdc} + t_{cr} + t_{tra} \leqslant T_{seg}$$

$$t_{cr}, t_{tra} \geqslant 0$$

$$t_{pdc} \geqslant \tau \tag{5.13}$$

四步处理时间总和要小于或者等于一个片段的播放时间 T_{seg}，T_{seg} 的值可以为任何给定的数据集和预测器预先确定[96-98]。τ 是最小的预测窗口大小，其取决于具体的预测方法[99]，四步中每一步的处理时间必须大于等于 0。串行情况下问题 P1 中四个步骤串行处理，首先在 t_{pdc} 时间内进行预测，然后根据预测结果在 t_{req} 时间内请求云端数据，然后在 t_{cpt} 时间内对边缘缓存的预测数据与请求到的预测数据渲染计算，最后在 t_{tra} 时间内将数据传送到用户 HMD。并行情况下问题 P1 与串行情况下问题 P1 的不同在于缓存部分和计算部分是并行执行的，即时间 t_{req} 和 t_{cpt} 重叠一起，两者总处理时间表示为 t_{cr}。

5.1.3　优化问题求解

本小节工作是求解串行优化问题和并行优化问题 P1，内容分为串行情况优化求解、并行情况优化求解和优化结果总结。

无论串行并行，求解的过程是：将 P1 问题的目标函数分解开，首先求解与

完成率相关的优化问题，然后把结果代入 P1 问题，并求解出最终结果。所以，第一步先讨论有关完成率的优化问题，无论串行还是并行，完成率的优化问题都可表示如下：

$$P2: \max_{t_{cpt}, t_{tra}, t_{req}} CR = \min\left\{1, \frac{C_{cpt} \cdot t_{cpt}}{s_{cpt} \cdot N_{fov}}, \frac{C_{tra} \cdot t_{tra}}{s_{tra} \cdot N_{fov}}, H_r + \frac{t_{req}}{T_{req} \cdot N_{fov}}\right\}$$

$$s.t. \quad CR \leqslant \frac{C_{cpt} \cdot t_{cpt}}{s_{cpt} \cdot N_{fov}}$$

$$CR \leqslant \frac{C_{tra} \cdot t_{tra}}{s_{tra} \cdot N_{fov}}$$

$$CR \leqslant H_r = \frac{t_{req}}{T_{req} \cdot N_{fov}}$$

$$CR \leqslant 1 \tag{5.14}$$

下面通过分串行和并行两种情况求解优化问题。

5.1.3.1 串行情况优化求解

在串行情况下，假设计算、传输和时延的总时间为 t_{crr}，即 $t_{crr} = t_{cpt} + t_{tra} + t_{req}$。因为问题 P2 为凸优化问题，所以使用 KKT 条件，P2 的解为：

$$t_{cpt}^* = \begin{cases} \dfrac{s_{cpt}C_{tra}}{s_{cpt}C_{tra} + s_{tra}C_{cpt}}t_{crr}, & T_{max1} \geqslant t_{crr} \geqslant 0 \\[4mm] \dfrac{\dfrac{s_{cpt}}{C_{cpt}}(t_{crr} + N_{fov}T_{req}H_r)}{T_{req} + \dfrac{T_{max1}}{N_{fov}H_r}}, & T_{max2} \geqslant t_{crr} \geqslant T_{max1} \\[4mm] \dfrac{N_{fov}s_{cpt}}{C_{cpt}}, & t_{crr} \geqslant T_{max2} \end{cases} \tag{5.15}$$

$$t_{tra}^* = \begin{cases} \dfrac{s_{tra}C_{cpt}}{s_{cpt}C_{tra} + s_{tra}C_{cpt}}t_{crr}, & T_{max1} \geqslant t_{crr} \geqslant 0 \\[4mm] \dfrac{\dfrac{s_{tra}}{C_{tra}}(t_{crr} + N_{fov}T_{req}H_r)}{T_{req} + \dfrac{T_{max1}}{N_{fov}H_r}}, & T_{max2} \geqslant t_{crr} \geqslant T_{max1} \\[4mm] \dfrac{N_{fov}s_{tra}}{C_{tra}}, & t_{crr} \geqslant T_{max2} \end{cases} \tag{5.16}$$

$$t_{\text{req}}^* = \begin{cases} 0, & T_{\text{max1}} \geqslant t_{\text{crr}} \geqslant 0 \\ \dfrac{T_{\text{req}}(t_{\text{crr}} - T_{\text{max1}})}{T_{\text{req}} + \dfrac{T_{\text{max1}}}{N_{\text{fov}} H_{\text{r}}}}, & T_{\text{max2}} \geqslant t_{\text{crr}} \geqslant T_{\text{max1}} \\ N_{\text{fov}} T_{\text{req}}(1 - H_{\text{r}}) & t_{\text{crr}} \geqslant T_{\text{max2}} \end{cases} \tag{5.17}$$

$$\text{CR}^* = \begin{cases} \dfrac{H_{\text{r}}}{T_{\text{max1}}} t_{\text{crr}}, & T_{\text{max1}} \geqslant t_{\text{crr}} \geqslant 0 \\ \dfrac{t_{\text{crr}} + N_{\text{fov}} T_{\text{req}} H_{\text{r}}}{N_{\text{fov}} T_{\text{req}} + \dfrac{T_{\text{max1}}}{H_{\text{r}}}}, & T_{\text{max2}} \geqslant t_{\text{crr}} \geqslant T_{\text{max1}} \\ 1, & t_{\text{crr}} \geqslant T_{\text{max2}} \end{cases} \tag{5.18}$$

式中，t_{cpt}^*，t_{tra}^*，t_{req}^* 分别为串行情况下问题 P2 中计算、传输和缓存的最优分配时间，CR^* 为问题 P2 目标函数的最优解。t_{crr} 是解当中的唯一变量，即得到的解都与 t_{crr} 相关，随着 t_{crr} 分配到的时间增大，CR^* 也越来越大。式中，T_{max1} 和 T_{max2} 分别表示为：

$$T_{\text{max1}} = N_{\text{fov}} H_{\text{r}}\left(\frac{s_{\text{cpt}}}{C_{\text{cpt}}} + \frac{s_{\text{tra}}}{C_{\text{tra}}}\right) \tag{5.19}$$

$$T_{\text{max2}} = N_{\text{fov}} T_{\text{req}}(1 - H_{\text{r}}) + \frac{T_{\text{max1}}}{H_{\text{r}}} \tag{5.20}$$

式中，T_{max1} 和 T_{max2} 是已知值，代表分配给计算、传输、缓存总的资源大小，T_{max1} 和 T_{max2} 越小表示计算速率、传输速率和命中率的总资源越大。t_{crr} 小于等于 T_{max1} 时，不需要请求云服务器获取数据，完成率小于等于 H_{r}，如果完成率想要大于等于 H_{r}，T_{max1} 是 t_{crr} 需要达到的最小值。如果目标函数想要大于等于 1，T_{max2} 是 t_{crr} 需要达到的最小值。

问题 P2 解决了完成率最大化问题，将计算、传输、缓存的资源最大化利用。通过解决问题 P2，P1 可以被改写为 P3：

$$\text{P3}: \max_{t_{\text{pdc}}, t_{\text{crr}}} \text{QoE} = \text{DoO}(t_{\text{pdc}}) \cdot \text{CR}^*$$

$$\text{s. t.} \quad t_{\text{pdc}} + t_{\text{crr}} \leqslant T_{\text{seg}}$$

$$0 \leqslant t_{\text{crr}} \leqslant T_{\text{max2}}$$

$$t_{\text{pdc}} \geqslant \tau \tag{5.21}$$

问题 P1 转化为求解 t_{pdc} 和 t_{crr} 的最优分配问题，并通过 t_{crr} 可以求出 t_{cpt}^*，t_{tra}^*，t_{req}^*。因为函数 CR^* 和 $\text{DoO}(t_{\text{pdc}})$ 具有单调性，所以可以进一步将 P3 改写为 P4，具体

如下：

$$P4: \max_{t_{pdc}, t_{crr}} QoE = DoO(t_{pdc}) \cdot CR^*$$

$$\text{s. t.} \quad QoE \leqslant DoO(t_{pdc}) \frac{H_r t_{crr}}{T_{max1}}$$

$$QoE \leqslant DoO(t_{pdc}) \frac{t_{crr} + N_{fov} T_{req} H_r}{N_{fov} T_{req} + \dfrac{T_{max1}}{H_r}}$$

$$T_{seg} - t_{pdc} \leqslant T_{max2}$$

$$0 \leqslant T_{seg} - t_{pdc}$$

$$\tau \leqslant t_{pdc} \tag{5.22}$$

利用 KKT 条件求解 P4，可得最优解结果：

$$t_{pdc}^* = \begin{cases} T_{seg} - T_{max2}, & \tau \leqslant T_{seg} - T_{max2} \\ \tau, & T_{seg} - T_{max2} \leqslant \tau \leqslant T_{seg} - T_{max1} \\ \tau, & \tau \geqslant T_{seg} - T_{max1} \end{cases} \tag{5.23}$$

$$t_{crr}^* = \begin{cases} T_{max2}, & \tau \leqslant T_{seg} - T_{max2} \\ T_{seg} - \tau, & T_{seg} - T_{max2} \leqslant \tau \leqslant T_{seg} - T_{max1} \\ T_{seg} - \tau, & \tau \geqslant T_{seg} - T_{max1} \end{cases} \tag{5.24}$$

$$QoE^* = \begin{cases} DoO(T_{seg} - T_{max2}) \cdot 1, & \tau \leqslant T_{seg} - T_{max2} \\ DoO(\tau) \dfrac{T_{seg} - \tau + N_{fov} T_{req} H_r}{N_{fov} T_{req} + \dfrac{T_{max1}}{H_r}}, & T_{seg} - T_{max2} \leqslant \tau \leqslant T_{seg} - T_{max1} \\ DoO(\tau) \dfrac{H_r \cdot (T_{seg} - \tau)}{T_{max1}}, & \tau \geqslant T_{seg} - T_{max1} \end{cases}$$

$$\tag{5.25}$$

求解 P4 得出了最优的 t_{crr}^* 和 t_{pdc}^*，并得出最优用户体验质量 QoE*。根据 t_{crr}^* 可以推出 t_{cpt}^*，t_{tra}^*，t_{req}^*。最后，串行情况下的问题 P1 被成功求解，最优值为 QoE*，最优分配为 t_{pdc}^*，t_{cpt}^*，t_{tra}^*，t_{req}^*。接下来对并行情况进行优化求解。

5.1.3.2 并行情况优化求解

在并行情况下，计算、传输和缓存的总时间也表示为 t_{crr}，因为缓存和计算并行处理的原因，缓存阶段时间 t_{req} 和计算时间 t_{cpt} 合并表示为 t_{cr}，则 $t_{crr} = t_{cr} + t_{tra}$。根据 KKT 条件，P2 的解为：

$$t_{cr}^* = \begin{cases} \dfrac{s_{cpt}C_{tra}}{s_{cpt}C_{tra} + s_{tra}C_{cpt}} t_{crr}, & T_{max3} \geqslant t_{crr} \geqslant 0 \\[3mm] \dfrac{(C_{tra}t_{crr} - H_r s_{sra}N_{fov})T_{req}}{s_{tra} + C_{tra}T_{req}}, & T_{max4} \geqslant t_{crr} \geqslant T_{max3} \\[3mm] N_{fov}(1 - H_r)T_{req}, & t_{crr} \geqslant T_{max4} \end{cases} \quad (5.26)$$

$$t_{tra}^* = \begin{cases} \dfrac{s_{tra}C_{cpt}}{s_{cpt}C_{tra} + s_{tra}C_{cpt}} t_{crr}, & T_{max3} \geqslant t_{crr} \geqslant 0 \\[3mm] \dfrac{(t_{crr} + H_r N_{fov} T_{req})s_{tra}}{s_{tra} + C_{tra}T_{req}}, & T_{max4} \geqslant t_{crr} \geqslant T_{max3} \\[3mm] \dfrac{N_{fov}s_{tra}}{C_{tra}}, & t_{crr} \geqslant T_{max4} \end{cases} \quad (5.27)$$

$$CR^* = \begin{cases} \left(\dfrac{T_{req}C_{cpt}}{T_{req}C_{cpt} - s_{cpt}}\right) \cdot \dfrac{H_r}{T_{max3}} t_{crr}, & T_{max3} \geqslant t_{crr} \geqslant 0 \\[3mm] \dfrac{C_{tra}t_{crr} + N_{fov}C_{tra}T_{req}H_r}{N_{fov}(s_{tra} + C_{tra}T_{req})}, & T_{max4} \geqslant t_{crr} \geqslant T_{max3} \\[3mm] 1, & t_{crr} \geqslant T_{max4} \end{cases} \quad (5.28)$$

式中，t_{cr}^*，t_{tra}^* 分别为并行情况下问题 P2 中计算、传输和缓存分配时间的最优解；CR^* 为并行情况下问题 P2 目标函数的最优解。t_{crr} 是解当中的唯一变量，得到的解都与 t_{crr} 相关。式中 T_{max3} 和 T_{max4} 分别表示为：

$$T_{max3} = \left(\frac{T_{req}C_{cpt}}{T_{req}C_{cpt} - s_{cpt}}\right) \cdot T_{max1} = \left(\frac{T_{req}C_{cpt}}{T_{req}C_{cpt} - s_{cpt}}\right) \cdot N_{fov}H_r\left(\frac{s_{cpt}}{C_{cpt}} + \frac{s_{tra}}{C_{tra}}\right) \quad (5.29)$$

$$T_{max4} = N_{fov}T_{req}(1 - H_r) + \frac{N_{fov}s_{tra}}{C_{tra}} \quad (5.30)$$

与 T_{max1} 和 T_{max2} 同理，T_{max3} 和 T_{max4} 是已知值，代表分配给计算、传输、缓存总的资源大小，如果目标函数想要大于等于 $\left(\dfrac{T_{req}C_{cpt}}{T_{req}C_{cpt} - s_{cpt}}\right) \cdot H_r$，$T_{max3}$ 是 t_{crr}^* 需要达到的最小值。如果目标函数想要大于等于 1，T_{max4} 是 t_{crr}^* 需要达到的最小值，所以 t_{crr}^* 不应超过 T_{max4}。T_{max3} 大于 T_{max1}，T_{max4} 小于 T_{max2}。T_{max3} 是 T_{max1} 的 $\left(\dfrac{T_{req}C_{cpt}}{T_{req}C_{cpt} - s_{cpt}}\right)$ 倍，因为 MEC 服务器渲染时也在请求远程云端数据，所以 T_{max3} 要大于 T_{max1}，在这个转折点上 T_{max3} 对应的完成率也要大于 H_r。

问题 P2 解决了完成率最大化问题，将计算、传输、缓存的资源最大化利用。P1 可以被改写为 P3：

$$P3: \max_{t_{pdc}, t_{crr}} QoE = DoO(t_{pdc}) \cdot CR^*$$

$$\text{s. t.} \quad t_{\text{pdc}} + t_{\text{crr}} \leqslant T_{\text{seg}}$$

$$0 \leqslant t_{\text{crr}} \leqslant T_{\text{max4}}$$

$$t_{\text{pdc}} \geqslant \tau \tag{5.31}$$

问题 P1 转化为求解 p_{pdc} 和 t_{crr} 的最优分配问题，通过 t_{crr} 可以求出 t_{cr}^*，t_{tra}^*。因为函数 CR* 和 DoO 具有单调性，可以进一步将 P3 改写为 P4，具体如下：

$$\text{P4:} \max_{t_{\text{pdc}}, t_{\text{crr}}} \text{QoE} = \text{DoO}(t_{\text{pdc}}) \cdot \text{CR}^*$$

$$\text{s. t.} \quad \text{QoE} \leqslant \text{DoO}(t_{\text{pdc}}) \cdot \left(\frac{T_{\text{req}} C_{\text{cpt}}}{T_{\text{req}} C_{\text{cpt}} - s_{\text{cpt}}} \right) \cdot \frac{H_r}{T_{\text{max3}}} t_{\text{crr}}$$

$$\text{QoE} \leqslant \text{DoO}(t_{\text{pdc}}) \frac{C_{\text{tra}} t_{\text{crr}} + N_{\text{fov}} C_{\text{tra}} T_{\text{req}} H_r}{N_{\text{fov}} (s_{\text{tra}} + C_{\text{tra}} T_{\text{req}})}$$

$$T_{\text{seg}} - t_{\text{pdc}} \leqslant T_{\text{max4}}$$

$$0 \leqslant T_{\text{seg}} - t_{\text{pdc}}$$

$$\tau \leqslant t_{\text{pdc}} \tag{5.32}$$

利用 KKT 条件求解 P4，可得最优解结果：

$$t_{\text{pdc}}^* = \begin{cases} T_{\text{seg}} - T_{\text{max4}}, & \tau \leqslant T_{\text{seg}} - T_{\text{max4}} \\ \tau, & T_{\text{seg}} - T_{\text{max4}} \leqslant \tau \leqslant T_{\text{seg}} - T_{\text{max3}} \\ \tau, & \tau \geqslant T_{\text{seg}} - T_{\text{max3}} \end{cases} \tag{5.33}$$

$$t_{\text{crr}}^* = \begin{cases} T_{\text{max4}}, & \tau \leqslant T_{\text{seg}} - T_{\text{max4}} \\ T_{\text{seg}} - \tau, & T_{\text{seg}} - T_{\text{max4}} \leqslant \tau \leqslant T_{\text{seg}} - T_{\text{max3}} \\ T_{\text{seg}} - \tau, & \tau \geqslant T_{\text{seg}} - T_{\text{max3}} \end{cases} \tag{5.34}$$

$$\text{QoE}^* = \begin{cases} \text{DoO}(T_{\text{seg}} - T_{\text{max4}}) \cdot 1, & \tau \leqslant T_{\text{seg}} - T_{\text{max4}} \\ \text{DoO}(\tau) \dfrac{C_{\text{tra}}(T_{\text{seg}} - \tau) + N_{\text{fov}} C_{\text{tra}} T_{\text{req}} H_r}{N_{\text{fov}}(s_{\text{tra}} + C_{\text{tra}} T_{\text{req}})}, & T_{\text{seg}} - T_{\text{max4}} \leqslant \tau \leqslant T_{\text{seg}} - T_{\text{max3}} \\ \text{DoO}(\tau) \cdot \left(\dfrac{T_{\text{req}} C_{\text{cpt}}}{T_{\text{req}} C_{\text{cpt}} - s_{\text{cpt}}} \right) \cdot \dfrac{H_r}{T_{\text{max3}}}(T_{\text{seg}} - \tau), & \tau \geqslant T_{\text{seg}} - T_{\text{max3}} \end{cases}$$

$$\tag{5.35}$$

对 P4 的求解得出了最优的 t_{crr}^* 和 t_{pdc}^* 分配，并得出最优用户体验质量 QoE*。根据 t_{crr}^* 可以推出 t_{cr}^*，t_{tra}^*。最后，问题 P1 被成功求解，最优值为 QoE*，最优分配为 t_{pdc}^*，t_{cr}^*，t_{tra}^*。关于并行情况的讨论基于 $T_{\text{req}} > s_{\text{cpt}}/c_{\text{cpt}}$，即一个切片请求时延大于它的渲染完成时间，否则系统相当于在时间段为 $T_{\text{seg}} - T_{\text{req}}$，内容命中率为 1 的串行情况。$\left(\dfrac{T_{\text{req}} C_{\text{cpt}}}{T_{\text{req}} C_{\text{cpt}} - s_{\text{cpt}}} \right) H_r$ 也要小于等于 1，否则相当于内容命中率为 1 的串行情况。

5.1.3.3   优化结果总结

串行情况和并行情况的优化问题都被求解，其中最大化完成率和最大化用户 QoE 的求解结果比较重要，下面对其进行总结。

最大化完成率优化问题 P2 的最优解 CR^* 可以看作是变量在 $[0, T_{max2}]$ 和 $[0, T_{max4}]$ 范围内的一元一次分段函数，横坐标设定为三部分时间总量 t_{crr}，纵坐标为完成率，其中分段点为 (T_{max1}, H_r) 和 $\left[T_{max3}, \left(\dfrac{T_{req}C_{cpt}}{T_{req}C_{cpt} - s_{cpt}}\right)H_r\right]$。因为 $\left(\dfrac{T_{req}C_{cpt}}{T_{req}C_{cpt} - s_{cpt}}\right)$ 大于 1，所以并行情况分段点的完成率高于串行情况。串行和并行情况下 CR^* 随 t_{crr} 的变化如图 5.4 所示。

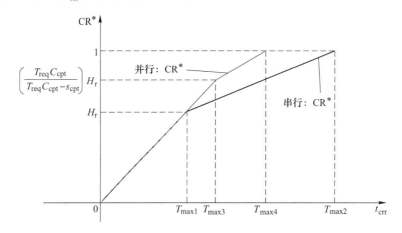

图 5.4   串行和并行情况下 CR^* 与 t_{crr} 的关系

由优化结果和图 5.4 可知，并行与串行相比，达到最高完成率的时间更小（T_{max4} 比 T_{max2} 更小），完成率增长的转折点更大（T_{max3} 比 T_{max1} 更大）。并行与串行虽有在增长速度上和达到最大值时间上有些不同，但整体趋势相似。图 5.4 中斜率表示单位 t_{crr} 时间对完成率的贡献。$t_{crr} \leqslant T_{max1}$ 时，串行和并行情况斜率一样，且是全过程中最大，因为此时分配的 t_{crr} 过小，不足以将边缘命中率可获取的内容处理完全，所以 t_{crr} 不会给缓存分配时间，所有分配时间用于边缘缓存数据的计算和传输，所以完成率增长快。但是处理完边缘数据后，继续提高完成率就要从云服务器获取内容，t_{crr} 分配给缓存、计算和传输三步，所以完成率增长慢。因为并行情况可以边计算边请求数据，所以它的转折点要比串行情况晚一点，并且更早达到最大完成率 1。

表 5.1 和表 5.2 分别总结了本章优化结果。表 5.1 是问题 P2 完成率的优化结果，和图 5.4 一样 t_{crr} 范围设置为 $[0, T_{max2}]$，并分为 5 段，每一段上串行和并

行情况有对应预测时间 t_{cpt}^*、请求时延分配时间 t_{req}^* 和传输时间 t_{tra}^* 的最佳分配方案和最优完成率 CR^*。表 5.2 是问题 P1 用户体验质量的优化结果。

表 5.1 最优完成率 CR^* 与最优 t_{cpt}^*，t_{req}^*，t_{tra}^* 在 $[T_{max1}, T_{max2}]$ 上的最佳取值

范围	情形	t_{cpt}^*	t_{req}^*	t_{tra}^*	CR^*
$0 \le$ $t_{crr} \le$ T_{max1}	串行	$\dfrac{s_{cpt}C_{tra}}{s_{cpt}C_{tra}+s_{tra}C_{cpt}}t_{crr}$	0	$\dfrac{s_{tra}C_{cpt}}{s_{cpt}C_{tra}+s_{tra}C_{cpt}}t_{crr}$	$\dfrac{H_r}{T_{max1}}t_{crr}$
	并行	$\dfrac{s_{cpt}C_{tra}}{s_{cpt}c_{tra}+s_{tra}C_{cpt}}t_{crr}$		$\dfrac{S_{tra}C_{cpt}}{s_{cpt}C_{tra}+s_{tra}C_{cpt}}t_{crr}$	$\left(\dfrac{T_{req}C_{cpt}}{T_{req}C_{cpt}-s_{cpt}}\right)\dfrac{H_r}{T_{max3}}t_{crr}$
$T_{max1} \le$ $t_{crr} \le$ T_{max3}	串行	$\dfrac{s_{cpt}/C_{cpt}(t_{crr}+N_{fov}T_{req}H_r)}{T_{req}+T_{max1}/(N_{fov}H_r)}$	$\dfrac{T_{req}(t_{crr}-T_{max1})}{T_{req}+T_{max1}/(N_{fov}H_r)}$	$\dfrac{s_{tra}/C_{tra}(t_{crr}+N_{fov}T_{req}H_r)}{T_{req}+T_{max1}/(N_{fov}H_r)}$	$\dfrac{t_{crr}+N_{fov}T_{req}H_r}{N_{fov}T_{req}+T_{max1}/H_r}$
	并行	$\dfrac{s_{cpt}C_{tra}}{s_{cpt}C_{tra}+s_{tra}C_{cpt}}t_{crr}$		$\dfrac{s_{tra}C_{cpt}}{s_{cpt}C_{tra}+s_{tra}C_{cpt}}t_{crr}$	$\left(\dfrac{T_{req}C_{cpt}}{T_{req}C_{cpt}-s_{cpt}}\right)\dfrac{H_r}{T_{max3}}t_{crr}$
$T_{max3} \le$ $t_{crr} \le$ T_{max4}	串行	$\dfrac{s_{cpt}/C_{cpt}(t_{crr}+N_{fov}T_{req}H_r)}{T_{req}+T_{max1}/(N_{fov}H_r)}$	$\dfrac{T_{req}(t_{crr}-T_{max1})}{T_{req}+T_{max1}/(N_{fov}H_r)}$	$\dfrac{s_{tra}/C_{tra}(t_{crr}+N_{fov}T_{req}H_r)}{T_{req}+T_{max1}/(N_{fov}H_r)}$	$\dfrac{t_{crr}+N_{fov}T_{req}H_r}{N_{fov}T_{req}+T_{max1}/H_r}$
	并行	$\dfrac{(C_{tra}t_{crr}-H_r s_{tra}N_{fov})T_{req}}{s_{tra}+C_{tra}T_{req}}$		$\dfrac{(t_{crr}+H_r N_{fov}T_{req})s_{tra}}{s_{tra}+C_{tra}T_{req}}$	$\dfrac{C_{tra}t_{crr}+N_{fov}C_{tra}T_{req}H_r}{N_{fov}(s_{tra}+C_{tra}T_{req})}$
$T_{max4} \le$ $t_{crr} \le$ T_{max2}	串行	$\dfrac{s_{cpt}/C_{cpt}(t_{crr}+N_{fov}T_{req}H_r)}{T_{req}+T_{max1}/(N_{fov}H_r)}$	$\dfrac{T_{req}(t_{crr}-T_{max1})}{T_{req}+T_{max1}/(N_{fov}H_r)}$	$\dfrac{s_{tra}/C_{tra}(t_{crr}+N_{fov}T_{req}H_r)}{T_{req}+T_{max1}/(N_{fov}H_r)}$	$\dfrac{t_{crr}+N_{fov}T_{req}H_r}{N_{fov}T_{req}+T_{max1}/H_r}$
	并行	$N_{fov}T_{req}(1-H_r)$		$\dfrac{N_{fov}s_{tra}}{C_{tra}}$	1
$t_{crr} \le$ T_{max2}	串行	$\dfrac{N_{fov}s_{cpt}}{C_{cpt}}$	$N_{fov}T_{req}(1-H_r)$	$\dfrac{N_{fov}s_{tra}}{C_{tra}}$	1
	并行	$N_{fov}T_{req}(1-H_r)$		$\dfrac{N_{fov}s_{tra}}{C_{tra}}$	1

表 5.2 最优用户 QoE^* 与最优 t_{pdc}^*，t_{crr}^* 取值

范围	情形	t_{pdc}^*	t_{crr}^*	QoE^*
$\tau \ge T_{seg}-T_{max1}$	串行	τ	$T_{seg}-\tau$	$DoO(\tau)\dfrac{H_r\cdot(T_{seg}-\tau)}{T_{max1}}$
	并行	τ	$T_{seg}-\tau$	$DoO(\tau)\cdot\left(\dfrac{T_{req}C_{cpt}}{T_{req}C_{cpt}-s_{cpt}}\right)\cdot\dfrac{H_r}{T_{max3}}(T_{seg}-\tau)$
$T_{seg}-T_{max3} \le$ $\tau \le T_{seg}-T_{max1}$	串行	τ	$T_{seg}-\tau$	$DoO(\tau)\dfrac{T_{seg}-\tau+N_{fov}T_{req}H_r}{N_{fov}T_{req}+T_{max1}/H_r}$
	并行	τ	$T_{seg}-\tau$	$DoO(\tau)\cdot\left(\dfrac{T_{req}C_{cpt}}{T_{req}C_{cpt}-s_{cpt}}\right)\cdot\dfrac{H_r}{T_{max3}}(T_{seg}-\tau)$
$T_{seg}-T_{max4} \le \tau$ $T_{seg}-T_{max3}$	串行	τ	$T_{seg}-\tau$	$DoO(\tau)\dfrac{T_{seg}-\tau+N_{fov}T_{req}H_r}{N_{fov}T_{req}+T_{max1}/H_r}$
	并行	τ	$T_{seg}-\tau$	$DoO(\tau)\dfrac{C_{tra}(T_{seg}-\tau)+N_{fov}C_{tra}T_{req}H_r}{N_{fov}(s_{tra}+C_{tra}T_{req})}$

范　围	情形	t_{pdc}^*	t_{err}^*	QoE*
$T_{seg}-T_{max2}\leqslant$ $\tau\leqslant T_{seg}-T_{max4}$	串行	τ	$T_{seg}-\tau$	$DoO(\tau)\dfrac{T_{seg}-\tau+N_{fov}T_{req}H_r}{N_{fov}T_{req}+T_{max1}/H_r}$
	并行	$T_{seg}-T_{max4}$	T_{max4}	$DoO(T_{seg}-T_{max4})\cdot 1$
$\tau\leqslant T_{seg}\leqslant T_{max2}$	串行	$T_{seg}-T_{max2}$	T_{max2}	$DoO(T_{seg}-T_{max2})\cdot 1$
	并行	$T_{seg}-T_{max4}$	T_{max4}	$DoO(T_{seg}-T_{max4})\cdot 1$

5.1.4　仿真与数值结果

5.1.4.1　环境设置

本书使用文献［100］中的真实场景数据进行仿真，其中包括 50 个用户和 10 个 VR 视频，共有 500 份观看轨迹数据。每份观看轨迹时长 1 min，被分为 60 个片段，即 $|S|=60$，$T_{seg}=1$（s）。每个片段被分为 200 个切片，即 $|Te|=200$。每个切片的像素为 192×192，即 $R_w=192$，$R_h=192$。切片帧数设置为 30，即 $N_{tf}=30$。无损编码压缩率设置为 2.41，即 $\gamma=2.41$。T_{max1} 和 T_{max3} 设置为 $\{0.2\ s,\ 0.25\ s,\ 0.3\ s,\ \cdots,\ 50\ s\}$，总共有 997 个设置。使用 LR 和 CB 预测方法进行预测，命中率设置为 $\{0.2,\ 0.5,\ 0.8\}$ 三种情况，最小观察窗口 τ 设置为 0.1 s，段播放时间 T_{seg} 设置为 1 s。假设用户请求 VR 视频符合 Zipfian 分布，Zipfian 分布的形状参数设置为 $\eta_v=1$，则 VR 视频 V_i 被选择观看的概率为：

$$P_{v_i}=\frac{\dfrac{1}{v_i^{\eta_v}}}{\sum\limits_{v_i\in v}\dfrac{1}{v_i^{\eta_v}}} \tag{5.36}$$

式中，$\boldsymbol{v}=\{v_1,\ v_2,\ \cdots,\ v_i,\ \cdots\}$ 为 VR 视频 $\boldsymbol{V}=\{V_1,\ V_2,\ \cdots,\ V_i,\ \cdots\}$ 的访问频率位次表。

使用拟合函数来表示预测窗口 t_{pdc} 大小与预测结果 DoO 的关系。LR 方法和 CB 方法的 DoO 分别表示为：

$$DoO_{LR}(t_{pdc})=a_3\cdot t_{pdc}^3+a_2\cdot t_{pdc}^2+a_1\cdot t_{pdc}^1+a_0 \tag{5.37}$$

$$DoO_{CB}(t_{pdc})=b_1\cdot t_{pdc}+b_0 \tag{5.38}$$

其中，$\{a_0,\ a_1,\ a_2,\ a_3\}$ 和 $\{b_1,\ b_0\}$ 为拟合系数。拟合之后，只要通过预测窗口 t_{pdc} 的大小就能得到重叠程度 DoO。

LR 和 CB 预测方法的 DoO 拟合参数如表 5.3 和表 5.4 所示。对数据集中的 10 个视频进行参数拟合，拟合中的 LR 方法最大均方误差（MSE）为 2.06544×10^{-6}，CB 方法的最大均方误差（MSE）为 9.08433×10^{-6}。

表 5.3 LR 预测器重叠程度的拟合结果

序号	a_0	a_1	a_2	a_3	MES
1	0.69167	0.06729	−0.01987	0.01079	$2.06544×10^{-6}$
2	0.80933	0.03928	−0.03011	0.02658	$6.53253×10^{-7}$
3	0.64243	0.06383	−0.01672	0.00782	$1.55698×10^{-6}$
4	0.75628	0.05419	−0.01043	0.00209	$1.15303×10^{-6}$
5	0.73773	0.05004	−0.00452	0.00092	$1.69179×10^{-6}$
6	0.77554	0.03147	−0.02108	0.01753	$3.48433×10^{-7}$
7	0.75499	0.04606	−0.03194	0.01850	$6.85198×10^{-7}$
8	0.55804	0.03787	−0.00084	0.00388	$8.74534×10^{-7}$
9	0.69684	0.07222	−0.05574	0.03248	$1.19200×10^{-6}$
10	0.76851	0.04353	−0.00515	0.00262	$9.39323×10^{-7}$

表 5.4 CB 预测器重叠程度的拟合结果

序号	b_0	b_1	MES
1	0.66795	0.18012	$9.08433×10^{-6}$
2	0.75499	0.13606	$5.32198×10^{-6}$
3	0.64902	0.18572	$8.74534×10^{-6}$
4	0.71684	0.15582	$7.19302×10^{-6}$
5	0.70253	0.16377	$8.39548×10^{-6}$
6	0.76962	0.12416	$4.68542×10^{-6}$
7	0.76052	0.12467	$4.57263×10^{-6}$
8	0.68725	0.15952	$6.55742×10^{-6}$
9	0.72021	0.15367	$8.16507×10^{-6}$
10	0.65776	0.18236	$7.59254×10^{-6}$

5.1.4.2 数值分析

$T_{max2} = N_{fov}T_{req}(1 - H_r) + N_{fov}(s_{cpt}/C_{cpt} + s_{tra}/C_{tra})$，表示百分百获取预测的数据量所需分配给缓存、计算和传输三阶段的最小时间，也是分配给这三阶段的最大时间，因为超过 T_{max2} 也不会再提升数据完成率。计算速率 C_{cpt}、传输速率 C_{tra} 和内容命中率 H_r 越大，则 T_{max2} 值越小，$1/T_{max2}$ 越大。所以随着 $1/T_{max2}$ 的增大，代表投入计算、传输和缓存资源的增加。图 5.5 中绘制了内容命中率 H_r 为 $\{1, 0.8, 0.5\}$ 三种情况下计算速率 C_{cpt} 和传输速率 C_{tra} 对 $1/T_{max2}$ 的影响。图 5.5（a）是正面，只能显示内容命中率为 1 的情况，其中内容命中率为 0.8 和 0.5 的情况被内容命中率为 1 的图像覆盖，可以通过图 5.5（b）侧面图查看三种内容命中率情况。

如图 5.5（a）所示，在内容命中率 $H_r = 1$ 不变的情况下，计算速率 C_{cpt} 或传输速率 C_{tra} 的增加都会使得 $1/T_{max2}$ 增加，符合 T_{max2} 表达式中 C_{cpt} 和 C_{cpt} 在分母上的情况。如图 5.5（b）所示，在计算速率 C_{cpt} 和传输速率 C_{tra} 不变的情况下，内容命中率 $H_r=\{1,\ 0.8,\ 0.5\}$，$1/T_{max2}$ 随着 H_r 的增加而变大，所以图像呈现出三个层次，从上到下分别表示内容命中率为 1，0.8 和 0.5 的情况。

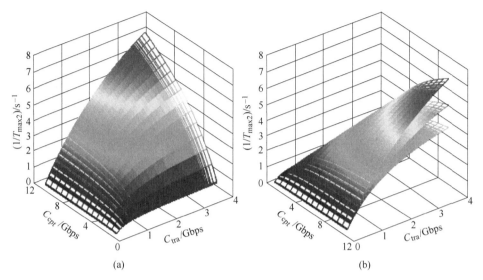

图 5.5　$1/T_{max2}$ 与 C_{cpt}，C_{tra} 之间的关系，$H_r=\{1,\ 0.8,\ 0.5\}$
（a）正面；（b）侧面

$$T_{max1}=N_{fov}H_r\left(\frac{s_{cpt}}{C_{cpt}}+\frac{s_{tra}}{C_{tra}}\right),\quad$$ 表示只获取内容命中率的内容所需要的时间。分配给计算、传输和缓存三阶段的时间小于等于 T_{max1}，则不会产生远程请求时延，此时缓存阶段的时间为 0。因为计算速率 C_{cpt} 和传输速率 C_{tra} 越大就能在更短时间内将边缘数据处理完毕发送到用户 HMD，所以计算速率 C_{cpt}、传输速率 C_{tra} 越大，则 T_{max1} 越小。因为内容命中率 H_r 越大则能在边缘获取数据量越多，所以内容命中率 H_r 越大，则 T_{max1} 越大。T_{max1} 和 H_r 共同决定 T_{max2}。

图 5.6 为串行情况下 $1/T_{max1}$ 与 t_{crr}^*、t_{pdc}^* 之间的关系。图 5.6（a）为 $H_r=1$ 时完成率最优分配时间 t_{crr}^* 和预测最优分配时间 t_{pdc}^* 随 $1/T_{max1}$ 的变化趋势。在 $T_{max2}>T_{seg}-\tau$ 时，预测时间分配为最小的预测窗口大小 τ。在 $T_{max2}\leqslant T_{seg}-\tau$ 时，完成率可达到 1，多出来的时间都分配给预测。图 5.6（b）为 $H_r=0.8$ 时的变化趋势，因为内容命中率变小，明显 $T_{max2}=T_{seg}-\tau$ 位置向右移动。图 5.6（c）为 $H_r=0.5$ 时的变化趋势，当 $H_r=0.8$，$T_{max2}=T_{seg}-\tau$ 继续向右移动。图 5.6（d）记录的是三个不同内容命中率对应的 $T_{max2}=T_{seg}-\tau=0.9$ 的位置。根据公式 $T_{max2}=N_{fov}T_{req}(1-H_r)+T_{max1}/H_r$ 可知，在 $\dfrac{1}{T_{max2}}=1.11$ 不变的情况下，内容命中率 H_r 变小，

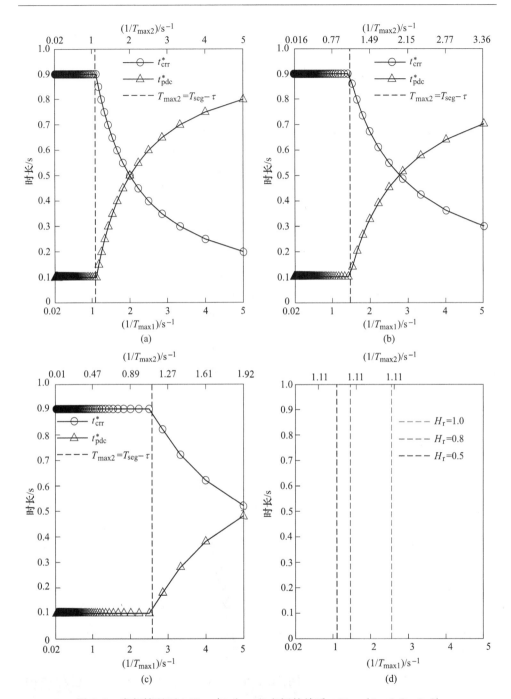

图 5.6 串行情况下 $1/T_{\text{max1}}$ 与 t_{crr}^*，t_{pdc}^* 之间的关系，$H_{\text{r}} = \{1, 0.8, 0.5\}$

（a）$H_{\text{r}} = 1$；（b）$H_{\text{r}} = 0.8$；（c）$H_{\text{r}} = 0.5$；（d）不同 H_{r} 在 $\dfrac{1}{T_{\text{max1}}}$ 上对应的 $T_{\text{max2}} = T_{\text{seg}} - \tau$

则需要 $T_{\max 1}$ 变小，即需要 $\dfrac{1}{T_{\max 1}}$ 变大。综上，图 5.6 形象展示了 t_{crr}^{*} 与 t_{pdc}^{*} 变化趋势。

图 5.7 为在内容命中率 $H_{\mathrm{r}}=0.8$ 的串行情况下，LR 预测方法和 CB 预测方法的对比。红色虚线为 $T_{\max 2}=T_{\mathrm{seg}}-\tau$，在红线之前 LR 预测方法和 CB 预测方法的预测窗口大小不变，即预测的重叠程度不变，用户 QoE 随着完成率的增大而变大。红线之后完成率达到 1，完成率不再变化，时间分配给预测部分，用户 QoE 随着预测重叠程度的增大而变大。红线前 LR 和 CB 完成率时刻相同，两者预测重叠程度不变，但随着完成率增大，两者之间差距逐渐增大。红线之后完成率达到 1 不变，CB 预测的重叠程度增长更快，所以两者曲线快速分开，虽然图 5.7 显示 CB 预测效果更好，但是由表 5.3 和表 5.4 可知 CB 预测方法的均方误差（MSE）更大。本书研究的是四步操作时间优化分配，预测方法选择并不影响研究结果。

图 5.8 为在内容命中率 $H_{\mathrm{r}}=0.8$ 使用 LR 预测方法，串行情况和并行情况的对比。因为 $T_{\max 1} \leqslant T_{\max 3}$，$T_{\max 2} \geqslant T_{\max 4}$，所以并行情况的完成率更早达到 1。红色虚线为 $T_{\max 4}=T_{\mathrm{seg}}-\tau=0.9$，蓝色虚线为 $T_{\max 2}=T_{\mathrm{seg}}-\tau=0.9$，在 x 轴表示 $1/T_{\max 4}$ 的变化上，即 $1/T_{\max 4}=1/(T_{\mathrm{seg}}-\tau)=1.11$，红色虚线对应 x 轴值为 1.11，因为 $T_{\max 2}>T_{\max 4}$，当 $T_{\max 2}=T_{\mathrm{seg}}-\tau=0.9$，在 x 轴的变化上对应 $T_{\max 4}$ 小于 0.9，此时对应 $1/T_{\max 4}$ 大于 1.11。由优化结果和图 5.8 可知并行情况与串行情况最大不同就是并行情况能在更短处理时间内达到完成率为 1 的转折点，除此之外串行情况和并行情况总体趋势相同。

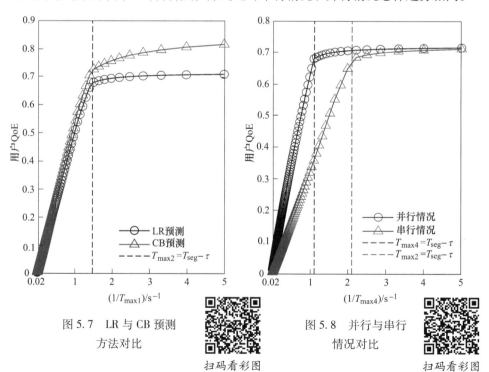

图 5.7   LR 与 CB 预测方法对比

图 5.8   并行与串行情况对比

扫码看彩图   扫码看彩图

图 5.9 为在内容命中率为 {1, 0.8, 0.5} 三种情况下，因为完成率为 1 的转折点只与 $T_{max2} = T_{seg} - \tau$ 相关，所以图中用户 QoE 随 $1/T_{max1}$ 变化的曲线，随着内容命中率 H_r 降低，用户 QoE 达到转折点越靠后。内容命中率 $H_r = 0.8$ 时曲线在 $T_{max2} = T_{seg} - \tau$ 转折点对应的 T_{max1} 比内容命中率 $H_r = 1$ 要小 24.3%。内容命中率 $H_r = 0.5$ 时曲线在 $T_{max2} = T_{seg} - \tau$ 转折点对应的 T_{max1} 比内容命中率 $H_r = 1$ 要小 56.7%。T_{max2} 值变小，意味着对计算速率 C_{cpt} 和传输速率 C_{tra} 要求变大。图 5.9 充分展现了内容命中率的重要性，因为内容命中率决定可在边缘获取的内容量，进而决定需要远程请求的数据量，进而决定时延大小。在计算传输资源匮乏情况下，在 MEC 部署高命中率缓存算法能有效提高用户 QoE。

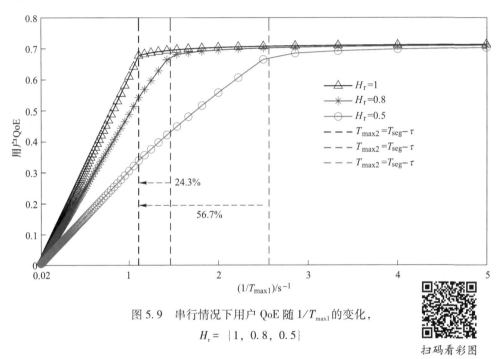

图 5.9 串行情况下用户 QoE 随 $1/T_{max1}$ 的变化，
$H_r = \{1, 0.8, 0.5\}$

扫码看彩图

图 5.10 中使用 CB 预测器在内容命中率 $H_r = 0.8$ 和 $H_r = 0.5$ 两种情况下讨论用户 QoE、完成率 CR 与预测重叠程度 DoO 三者关系。绿线表示用户 QoE，蓝线是完成率，粉线是预测重叠程度 DoO，因为 QoE △ DoO·CR，所以绿线数据等于蓝线数据完成率乘以粉线预测重叠程度 DoO。无论是图 5.10（a）中 $H_r = 0.8$ 还是图 5.10（b）中 $H_r = 0.5$，在红色虚线 $T_{max2} = T_{seg} - \tau$ 左边预测重叠程度不变，数据完成率逐渐上升为 1，在红色虚线 $T_{max2} = T_{seg} - \tau$ 右边，数据完成率已经上升为 1，不会再增加，预测重叠程度与用户 QoE 重合共同增大。在红线左边是完成率的增长过程，红线上完成率增长到最大值，所以更多资源到来时会分配给预测增加预测的准确度。

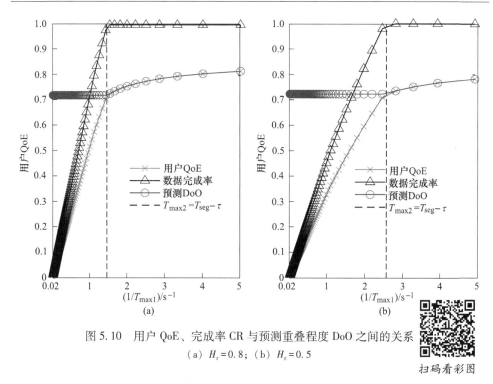

图 5.10   用户 QoE、完成率 CR 与预测重叠程度 DoO 之间的关系

（a） $H_r = 0.8$； （b） $H_r = 0.5$

扫码看彩图

图 5.11 为最优时间分配与非最优时间分配的用户 QoE，红线表示研究的最优时

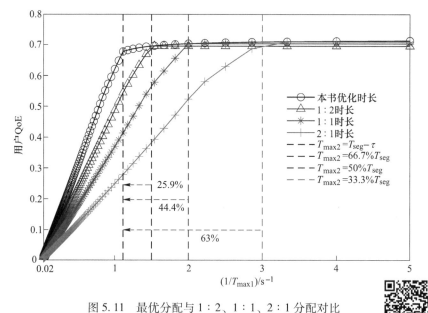

图 5.11   最优分配与 1 : 2、1 : 1、2 : 1 分配对比

扫码看彩图

间分配。蓝线表示预测时间与完成率时间 1 : 2 分配方式，即 $t_{pdc} = \frac{1}{3}T_{seg}$，$t_{crr} = \frac{2}{3}T_{seg}$。粉线表示预测时间与完成率时间 1 : 1 分配方式，即 $t_{pdc} = \frac{1}{2}T_{seg}$，$t_{crr} = \frac{1}{2}T_{seg}$。绿线表示预测时间与完成率时间 2 : 1 分配方式，即 $t_{pdc} = \frac{2}{3}T_{seg}$，$t_{crr} = \frac{1}{3}T_{seg}$。优化时间分配方式的用户 QoE 明显高于其余三种分配方式，因为所求优化问题是凸优化问题，所以根据 KKT 条件求解出的优化结果为全局最优结果，即红线的用户 QoE 数据在任何时刻高于任何时间分配方式的用户 QoE。

5.2　边缘缓存算法设计与性能证明

5.2.1　定义竞争比

假设算法内容命中率之外的数据都需要转发请求到云端服务器，根据请求云端服务器产生的时延定义缓存算法竞争比。OPT 算法为离线最优算法，其拥有所有未来请求数据，在系统中有最小时延的性质。设 ψ 为一个仅根据过去数据作出决策的在线缓存算法，对于给定的请求到达序列 r_1，r_2，r_3，…，设 D_{opt} 是 OPT 算法产生的总时延，D_ψ 是 ψ 算法产生的总时延。通过竞争比评估 ψ 在线算法的性能，即 D_ψ / D_{opt} 值，竞争比具体定义为在所有可能的请求序列中，如果有 $D_\psi \leqslant \theta D_{opt}$，则缓存算法 ψ 的竞争比是 θ。

竞争比越低代表缓存算法的性能越接近 OPT 算法，因此，本书的目标是设计一种具有低竞争比的在线缓存算法。本章以下内容涉及到竞争比的工作有：(1) 证明 VIE 算法的竞争比；(2) 证明所有在线算法的最小竞争比；(3) 通过前两项工作证明 VIE 算法是渐进最优的；(4) 证明对比算法的竞争比，并与 VIE 算法分析比较。

5.2.2　边缘缓存算法设计

在线缓存算法仅依据过往请求数据做出缓存决策。并不是所有过往请求数据都有参与决策的价值，过早的数据没有近期的数据价值高，例如 LFU 算法不分早晚比较所有请求记录，这是制约其性能提高的一点。所以本书算法设计思路为仅依据近期请求数据做出决策。设计的在线缓存算法由两部分组成：(1) 将受欢迎的切片缓存到 MEC 服务器；(2) 从 MEC 服务器中删除不流行的切片。提出了最近胜者下载和最近败者删除（Recent Victor Download and Recent Failure Deletion，VIE）在线缓存算法，算法假设对未来的用户请求数据未知。最近胜者下载（Recent Victor Download）决定了要在 MEC 服务器缓存哪些切片，最近败者删除（Recent Failure Deletion）决定了要从 MEC 服务器的缓存中删除哪些切片。

定义 1　最近胜者下载（Recent Victor Download，RVD）：假设在 t_0 时刻切片 te_j 没有被缓存在 MEC 服务器中（$te_j \notin \boldsymbol{B}_{te}$），$te_i$ 被缓存在 MEC 服务器中（$te_i \in \boldsymbol{B}_{te}$）。$te_i(t)$ 表示切片 te_i 在时间 t 时是否被用户请求，$te_i(t) = 1$ 表示在时间 t 时切片 te_i 被请求，$te_i(t) = 0$ 表示在时间 t 时 te_i 没有被请求。在时间 t_0 时，用户请求了切片 te_j，如果存在一个正整数 λ 使得 te_i 和 te_j 满足如下公式：

$$\sum_{t = t_0 - \lambda}^{t_0} te_j(t) \geqslant \sum_{t = t_0 - \lambda}^{t_0} te_i(t) + \left\lceil \frac{d}{b} \right\rceil \qquad (5.39)$$

则 te_j 会被缓存在 MEC 服务器中。式中，$\lceil * \rceil$ 为对 $*$ 向上取整；d 为总数据量；b 为 MEC 服务器可缓存的数据量；d/b 为边缘缓存空间大小占总数据量的比例的倒数，例如边缘缓存空间为总数据量的 25%，则 $d/b = 4$。

根据最近胜者下载定义可知，最近胜者下载算法根据 $\lceil d/b \rceil$ 做出决策。$\lceil d/b \rceil$ 越大表示 MEC 服务器中缓存空间占总数据量比例越小，则缓存空间越宝贵，需要更高的缓存门槛。$\lceil d/b \rceil$ 越小表示 MEC 服务器中缓存空间占总数据量比例越大，则缓存空间大小越接近总数据量，需要降低的缓存门槛。下载算法从当前时间点向前追溯，如满足式（5.39）关系，则下载请求分片。

定义 2　最近败者删除（Recent Failure Deletion，RFD）：在 RVD 算法决定下载切片时，需要从缓存空间删除切片。假设切片 te_i 被缓存在 MEC 服务器，使 te_i 在 $t_0 - \zeta_i \leqslant t \leqslant t_0$ 时间内满足如下公式：

$$\sum_{t = t_0 - \zeta_i}^{t_0} te_i(t) \geqslant \left\lceil \frac{d}{b} \right\rceil \qquad (5.40)$$

式中，ζ_i 为使式（5.34）满足的最小正整值。选择 MEC 服务器中 ζ_i 最大的切片进行删除。

根据最近败者删除定义可知，最近败者删除算法通过 $\lceil d/b \rceil$ 和 ζ_i 判断 MEC 服务器中缓存切片 $te_i \in \boldsymbol{B}_{te}$ 的就近请求情况，切片被请求次数达到 $\lceil d/b \rceil$ 次数的时间追溯范围越大，表示在最近一段时间的内容越不受欢迎，则删除对应 ζ_i 最大的切片 $te_i \in \boldsymbol{B}_{te}$。

综上描述，VIE 算法的伪代码如表 5.5 所示。

表 5.5　VIE 在线缓存算法

算法 1：VIE
1：输入：te，flag=False，D，B，Rdata　//请求切片和系统当前情况数据
2：if(te is cached)；//请求切片在缓存中的情况
3：$Rdata_{to\_te} = Rdata_{to\_te} - 1$；//记录其被请求情况
4：continue；//处理结束，以下为请求切片不在缓存中的情况
5：$Rdata_{te\_to} = Rdata_{te\_to} + 1$；//记录其被请求情况

6：if(Rdata$_{te\_to}$ ≥ d/b)；//判断请求切片是否满足被缓存条件

7：ζ$_j$←maxζ$_j$ $\sum\limits_{t=t_0-\zeta_j}^{t_0}$ te$_j$(t) ≥ d/b；//选取满足条件最大的 ζ$_j$

8：te$_j$←ζ$_j$；//选取 ζ$_j$ 对应的缓存切片

9：delete(te$_j$)；//删除缓存中的切片 te$_j$

10：Rdata$_{to\_te_j}$=0；//更新被删除切片的数据

11：cache(te)；//缓存请求切片 te

12：Rdata$_{to\_te}$=0；//更新被缓存切片的数据

13：flag=True；//记录是否缓存

14：else//如果不满足缓存条件

15：continue；//处理结束

16：输出：flag，Rdata，te$_j$，te；//输出缓存情况和系统当前情况数据

5.2.3　VIE 算法的竞争比证明

本节分别计算 VIE 和 OPT 算法的时延边界，进而得到 VIE 算法的竞争比为 $(3+2\lceil d/b\rceil)b$。

5.2.3.1　时延分析

在研究模型中，缓存算法的意义是提高命中率，进而降低请求远程服务器产生的时延。用户观看 VR 视频时，HMD 向 MEC 服务器请求数据，MEC 服务器向远程服务器转发未在边缘缓存的数据请求。假设命中率外的内容都要到远程服务器请求数据，产生时延。在执行缓存算法时，MEC 服务器对请求到达的数据进行分组，每组至少包括一个切片。切片到达的处理顺序为 te_1，te_2，…，分组为 $[g_1+1, g_2]$，$[g_2+1, g_3]$，…，划分依据为 OPT 的缓存节点，OPT 在每组的开头缓存一次，VIE 算法则在组内可能缓存多次。假设在 $[1, g_1]$ 区间内没有缓存，重点关注 $[g_1+1, g_2]$，$[g_2+1, g_3]$，…。将每组请求产生的时延定义为请求远程服务器获取数据产生的时延之和。

为了不失一般性，在 $[g_n+1, g_{n+1}]$ 组中讨论 OPT 和 VIE 算法产生时延的关系。将系统在第 n 组的 OPT 和 VIE 算法下产生的延迟定义为 $D_{opt}(n)$ 和 $D_{vie}(n)$。$\psi(n)$ 表示 ψ 算法在第 n 个切片到达之后 MEC 服务器上的缓存切片的子集。假设切片 $te_i \in OPT(g_n+1)$，在 $[g_n+1, g_{n+1}]$ 组中，W_i 表示 VIE 算法下载切片 te_i 的次数，D_i 表示 VIE 删除切片 te_i 的次数。因为在删除切片 te_i 之前，切片 te_i 必须缓存在 MEC 服务器中，而在缓存 te_i 之前 MEC 服务器中不存在 te_i，所以有 $D_i+1 \geq W_i \geq D_i-1$。VIE 算法在 $[g_n+1, g_{n+1}]$ 组内可能有多个间隔并没有缓存切

片 te_i。在第 z 个未缓存切片 te_i 间隔中，$V_{i,z}$ 表示在第 z 个间隔中请求切片 te_i 的次数。如果 $W_i = 0$，则 $V_{i,0} = V_{i,1}$，表示在第一次下载切片 te_i 之前对切片 te_i 的请求次数。根据 $V_{i,z}$ 的定义，切片 te_i 在 VIE 算法下产生的时延为：

$$T_{req} \cdot \sum_{z=1}^{w_i} V_{i,z} \tag{5.41}$$

其表示 $[g_n+1, g_{n+1}]$ 组中，te_i 未缓存时被请求的次数与单个切片远程请求需要时延的乘积。

5.2.3.2　竞争比证明

以下内容将分别计算 $D_{opt}(n)$ 和 $D_{vie}(n)$，提出了 $D_{opt}(n)$ 的三个下界 F_1，F_2，F_3，根据 $D_{opt}(n)$ 的三个下界推导出 $D_{vie}(n)$ 的上界，进而得到 VIE 算法的竞争比。

定理 1　在一组数据中（例如 $[g_n+1, g_{n+1}]$），假设 VIE 算法在第 α 和第 β 个请求时删除切片 te_i，其中 $\alpha < \beta$，那么 OPT 算法在 $[\alpha, \beta]$ 间至少产生（$\eta \cdot T_{req}$）时延。

定理 1 的证明：因为区间 $[\alpha, \beta]$ 在一组内，所以有 $\alpha < t \leqslant \beta$ 使得 OPT$(t) =$ OPT(β)。因为 te_i 在第 α 和第 β 个请求到来时被删除，所以 te_i 必须在 $[\alpha, \beta]$ 被缓存。MEC 服务器缓存的内容被删除时，会清除被删除切片之前的请求信息。总之，te_i 在区间 $[\alpha, \beta]$ 中至少被请求 $\lceil d/b \rceil$ 次。切片 te_i 在 β 时被删除，根据最近败者删除定义一定有一个 ζ_i 与之对应。又因为 te_i 在 $[\alpha, \beta]$ 区间内至少被请求 $\lceil d/b \rceil$ 次，所以最近败者删除定义中的（$t_0 - \zeta_i$）要大于 α。总之，被至少请求 $\lceil d/b \rceil$ 次的切片 te_i 都被删除，那么在 $[\alpha, \beta]$ 区间的 VIE(β) 中保存的切片一定被请求的次数大于等于 $\lceil d/b \rceil$。从以下两种情况来证明定理 1。

（1）当 VIE$(\beta - 1) \neq$ OPT$(\beta - 1)$：VIE$(\beta - 1)$ 中一定有一个切片 te_j 不属于 OPT$(\beta - 1)$。在区间 $[\alpha, \beta]$ 中，OPT 需要为 te_j 的所有请求承担时延。在 $[\alpha, \beta]$ 区间中，te_j 至少被请求 $\lceil d/b \rceil$ 次，所以 OPT 在区间 $[\alpha, \beta]$ 中至少产生（$\lceil d/b \rceil \cdot T_{req}$）时延。

（2）当 VIE$(\beta - 1) =$ OPT$(\beta - 1)$：在 β 时，VIE 算法必须下载一个切片 te_j，且其肯定不属于 OPT$(\beta - 1)$。根据最近胜者下载定义可知，一定存在一个正整数 λ，使得 $\sum\limits_{t=\beta-\lambda}^{\beta} te_j(t) \geqslant \sum\limits_{t=\beta-\lambda}^{\beta} te^*(t) + \lceil d/b \rceil$，其中 te^* 为 β 时缓存在 MEC 服务器中的某一切片。如果 $\beta - \lambda \geqslant \alpha$，则 te_j 在区间 $[\alpha, \beta]$ 中至少被请求 $\lceil d/b \rceil$ 次，则 OPT 在区间 $[\alpha, \beta]$ 中至少产生（$\lceil d/b \rceil \cdot T_{req}$）时延。如果 $\beta - \lambda < \alpha$，有 $\sum\limits_{t=\beta-\lambda}^{\alpha-1} te_j(t) < \sum\limits_{t=\beta-\lambda}^{\alpha-1} te^*(t) + \lceil d/b \rceil$，所以 $\sum\limits_{t=\alpha}^{\beta} te_j(t) \geqslant \sum\limits_{t=\alpha}^{\beta} te^*(t) \geqslant \lceil d/b \rceil$，则 OPT 在区间 $[\alpha, \beta]$ 中至少产生（$\lceil d/b \rceil \cdot T_{req}$）时延。

综上，算法 OPT 在区间 $[\alpha, \beta]$ 中至少产生 $(\lceil d/b \rceil \cdot T_{\text{req}})$ 时延。定理 1 得证。

定理 1 的运用如下。

在区间 $[g_n+1, g_{n+1}]$ 中切片 te_i 被删除 D_i 次，根据定理 1 可知，OPT 在切片 te_i 每两次删除中至少产生 $(\lceil d/b \rceil \cdot T_{\text{req}})$ 时延，所以 OPT 在 $[g_n+1, g_{n+1}]$ 中产生的一个时延下界可以表示为：

$$D_{\text{opt}}(n) \geq \max_{i \in \text{TE}_{\text{opt}}^{\text{in}}} (\lceil d/b \rceil \cdot (D_i - 1)) \cdot T_{\text{req}}$$

$$\geq \max_{i \in \text{TE}_{\text{opt}}^{\text{in}}} (\lceil d/b \rceil \cdot (W_i - 2)) \cdot T_{\text{req}}$$

$$\geq \max_{i \in \text{TE}_{\text{opt}}^{\text{in}}} (\lceil d/b \rceil W_i - 2\lceil d/b \rceil) \cdot T_{\text{req}} \triangleq F_1 \qquad (5.42)$$

式中，$\text{TE}_{\text{opt}}^{\text{in}}$ 为 OPT 在 $[g_n+1, g_{n+1}]$ 组内缓存的切片集合。

定理 2 在一个组中（例如 $[g_n+1, g_{n+1}]$），存在一个区间 $[\alpha, \beta]$ 和一个切片 te_i，在区间 $[\alpha, \beta]$ 中，存在 $\alpha \leq t \leq \beta$ 使得 $te_i \notin \text{VIE}(t)$，$te_i \in \text{OPT}(t)$，$\text{OPT}(t) = \text{OPT}(\alpha)$，那么 OPT 在区间 $[\alpha, \beta]$ 中至少产生 $\left[\sum_{t=\alpha}^{\beta} te_i(t) - \lceil d/b \rceil\right] \cdot T_{\text{req}}$ 时延。

定理 2 的证明：$\text{OPT}(t) \neq \text{VIE}(t)$，则一定存在一个切片 te_j 属于 $\text{VIE}(t)$，而不属于 $\text{OPT}(t)$。在一个组中，使用 te_r 表示第 r 个被缓存的切片，使用 dl_r 表示第 r 个被缓存的切片 te_r 被删除的时间。设置 $dl_0 = \alpha-1$，如果 te_r 是最后一个被缓存的切片，那么 $dl_r = \beta$。te_r 在区间 $[dl_{[r-1]} + 1, dl_r]$ 内被缓存在 MEC 服务器。假设 $te_r = te_j$，则 $\sum_{t=dl_{[r-1]}+1}^{dl_r} te_j(t) > \sum_{t=dl_{[r-1]}+1}^{dl_r} te_i(t) - \lceil d/b \rceil$。如果 $\sum_{t=dl_{[r-1]}+1}^{dl_r} te_j(t) \leq \sum_{t=dl_{[r-1]}+1}^{dl_r} te_i(t) - \lceil d/b \rceil$，则 te_i 会被缓存，则最近胜者下载定义与定理 2 的假设矛盾。

（1）当 $r = 1$：$dl_{[r-1]} + 1 = \alpha$，则 $\sum_{t=\alpha}^{dl_r} te_j(t) > \sum_{t=\alpha}^{dl_r} te_i(t) - \lceil d/b \rceil$。

（2）当 $r>1$：VIE 算法在第 $dl_{[r-1]}$ 请求之后下载切片 te_j，所以存在 MEC 服务器缓存的切片 te_j^* 和 λ 满足如下公式：

$$\sum_{t=dl_{[r-1]}-\lambda}^{dl_{[r-1]}} te_j(t) \geq \sum_{t=dl_{[r-1]}-\lambda}^{dl_{[r-1]}} te_j^*(t) + \lceil d/b \rceil \qquad (5.43)$$

在 $r > 1$，$dl_{[r-1]} - \lambda \geq \alpha$ 时：

$$\sum_{t=dl_{[r-1]}-\lambda}^{dl_r} te_j(t) = \sum_{t=dl_{[r-1]}-\lambda}^{dl_{[r-1]}} te_j(t) + \sum_{t=dl_{[r-1]}+1}^{dl_r} te_j(t)$$

$$\geq \sum_{t=dl_{[r-1]}-\lambda}^{dl_{[r-1]}} te_j^*(t) + \eta + \sum_{t=dl_{[r-1]}+1}^{dl_r} te_i(t) - \lceil d/b \rceil$$

$$\geqslant \sum_{t=dl_{r-1}+1}^{dl_r} te_i(t) \tag{5.44}$$

在 $r>1$，$dl_{[r-1]}-\lambda<\alpha$ 时，有：

$$\sum_{t=dl_{[r-1]}-\lambda}^{\alpha-1} te_j(t) < \sum_{t=dl_{[r-1]}-\lambda}^{\alpha-1} te_j^*(t) + \lceil d/b \rceil \tag{5.45}$$

（3）根据上述公式，可以推出 $\displaystyle\sum_{t=\alpha}^{dl_{[r-1]}} te_j(t) \geqslant \sum_{t=\alpha}^{dl_{[r-1]}} te_j^*(t)$，进而有：

$$\begin{aligned}
\sum_{t=\alpha}^{dl_r} te_j(t) &= \sum_{t=\alpha}^{dl_{[r-1]}} te_j(t) + \sum_{t=dl_{[r-1]}+1}^{dl_r} te_j(t) \\
&\geqslant \sum_{t=\alpha}^{dl_{[r-1]}} te_j^*(t) + \sum_{t=dl_{[r-1]}+1}^{dl_r} te_i(t) - \lceil d/b \rceil \\
&\geqslant \sum_{t=dl_{[r-1]}+1}^{dl_r} te_i(t) - \lceil d/b \rceil
\end{aligned} \tag{5.46}$$

综上三种情况，OPT 算法在区间 $[\alpha, \beta]$ 中至少产生 $\left[\displaystyle\sum_{t=\alpha}^{\beta} te_i(t) - \lceil d/b \rceil\right] \cdot T_{req}$ 时延，定理 2 得证。

定理 2 的运用如下。

根据定理 2 可知，te_i 在每一次被缓存前都有一个类似 $[\alpha, \beta]$ 的区间，那么 OPT 算法在区间 $[g_n+1, g_{n+1}]$ 中的一个时延下界为：

$$\begin{aligned}
D_{opt}(n) &\geqslant \max_{i \in TE_{opt}^{in}} \sum_{z=1}^{W_i} (V_{i,z} - \lceil d/b \rceil)^+ \cdot T_{req} \\
&\geqslant \max_{i \in TE_{opt}^{in}} \left(\sum_{z=1}^{W_i} V_{i,z} - \lceil d/b \rceil W_i\right) \cdot T_{req} \triangleq F_2
\end{aligned} \tag{5.47}$$

式中，$(x)^+ = \max(x, 0)$。

最后，使用 TE_{opt}^{out} 代表 OPT 算法在区间 $[g_n+1, g_{n+1}]$ 中未缓存切片的集合，使用 U_i 表示切片 $te_j \in TE_{opt}^{out}$ 在区间 $[g_n+1, g_{n+1}]$ 中被请求的次数，可以得到 OPT 算法在区间 $[g_n+1, g_{n+1}]$ 内的一个时延下界为：

$$D_{opt}(n) \geqslant \left(\sum_{j \in TE_{opt}^{out}} U_j\right) \cdot T_{req} \triangleq F_3 \tag{5.48}$$

到此一共得到了 3 个 OPT 算法在区间 $[g_n+1, g_{n+1}]$ 内的时延下界。接下来分析 $D_{vie}(n)$，继续将所有切片划分为 TE_{opt}^{in} 和 TE_{opt}^{in}。在 TE_{opt}^{in} 中，VIE 算法在区间 $[g_n+1, g_{n+1}]$ 内最多产生 $\left(\displaystyle\sum_{i \in TE_{opt}^{in}} \sum_{z=1}^{W_i} V_{i,z}\right) \cdot T_{req}$ 时延。在 TE_{opt}^{out} 中，VIE 算法在区间 $[g_n+1, g_{n+1}]$ 内最多产生 $\left(\displaystyle\sum_{j \in TE_{opt}^{out}} U_j\right) \cdot T_{req}$ 时延。因此，VIE 算法在 $[g_n+1, g_{n+1}]$ 区间内产生的时延上界为：

$$D_{vie}(n) \leqslant \Big(\sum_{i \in TE_{opt}^{in}} \sum_{z=1}^{W_i} V_{i,z} + \sum_{j \in TE_{opt}^{out}} U_j \Big) \cdot T_{req}$$

$$\leqslant b\Big(\max_{i \in TE_{opt}^{in}} \sum_{z=1}^{W_i} V_{i,z} + \sum_{j \in TE_{opt}^{out}} U_j \Big) \cdot T_{req}$$

$$\leqslant b \frac{\max\limits_{i \in TE_{opt}^{in}} W_i}{\max(W_i - 2)} \Bigg(\frac{\max(W_i - 2)}{\max\limits_{i \in TE_{opt}^{in}} W_i} \max_{i \in TE_{opt}^{in}} \sum_{z=1}^{W_i} V_{i,z} - \lceil d/b \rceil \max_{i \in TE_{opt}^{in}} (W_i - 2) +$$

$$\lceil d/b \rceil \max_{i \in TE_{opt}^{in}} (W_i - 2) + \sum_{j \in TE_{opt}^{out}} U_j \Bigg) \cdot T_{req}$$

$$\leqslant b \Big(\max_{i \in TE_{opt}^{in}} \sum_{z=1}^{W_i} V_{i,z} - \lceil d/b \rceil \max_{i \in TE_{opt}^{in}} W_i \Big) \cdot T_{req} + b\Bigg(\frac{\max\limits_{i \in TE_{opt}^{in}} W_i}{\max(W_i - 2)} + 1 \Bigg) \cdot D_{opt}(n)$$

$$\leqslant b \Bigg(\frac{\max\limits_{i \in TE_{opt}^{in}} W_i}{\max(W_i - 2)} + 2 \Bigg) \cdot D_{opt}(n) \leqslant b \Bigg(\frac{2}{\max(W_i - 2)} + 3 \Bigg) \cdot D_{opt}(n)$$

$$\leqslant 5bD_{opt}(n) \tag{5.49}$$

式中，b 为 MEC 服务器缓存空间大小，要想式（5.49）成立，必须有 $\max\limits_{i \in TE_{opt}^{in}} W_i > 2$。所以当 $\max\limits_{i \in TE_{opt}^{in}} W_i > 2$ 时，VIE 算法的竞争比为 $5b$。当 $\max\limits_{i \in TE_{opt}^{in}} W_i \leqslant 2$ 时，VIE 算法在 $[g_n+1, g_{n+1}]$ 区间内产生的时延上界为：

$$D_{vie}(n) \leqslant \Big(\sum_{i \in TE_{opt}^{in}} \sum_{z=1}^{W_i} V_{i,z} + \sum_{j \in TE_{opt}^{out}} U_j \Big) \cdot T_{req}$$

$$\leqslant b\Big(\max_{i \in TE_{opt}^{in}} \sum_{z=1}^{W_i} V_{i,z} + \sum_{j \in TE_{opt}^{out}} U_j \Big) \cdot T_{req}$$

$$\leqslant b\Big(\max_{i \in TE_{opt}^{in}} \Big(\sum_{z=1}^{W_i} V_{i,z} - \lceil d/b \rceil W_i \Big) + \max_{i \in TE_{opt}^{in}} (\lceil d/b \rceil W_i - 2\lceil d/b \rceil) +$$

$$2\lceil d/b \rceil + \sum_{j \in TE_{opt}^{out}} U_j \Big) \cdot T_{req}$$

$$\leqslant (3 + 2\lceil d/b \rceil)bD_{opt}(n) \tag{5.50}$$

在不做约束的情况下，式（5.50）得到 VIE 算法竞争比是 $(3 + 2\lceil d/b \rceil b)$，其包含了 $\max\limits_{i \in TE_{opt}^{in}} W_i \leqslant 2$ 是竞争比为 $5b$ 的情况。综上，VIE 算法的竞争比为 $(3 + 2\lceil d/b \rceil b)$。

5.2.4 VIE 算法的渐进最优证明与分析

本节首先证明任何确定性的在线缓存算法的竞争比至少是 b，然后证明 VIE 在线缓存算法是渐进最优的，最后比较静态离线、LFU、LRU 和随机算法

（Randomized）的竞争比。本节重点内容为证明 VIE 在线缓存算法在竞争比方面是渐进最优的。

5.2.4.1　在线缓存算法的竞争比证明

任何确定性的在线缓存算法的竞争比至少是 b，证明如下。$\boldsymbol{B}_{te} = \{B_1, B_2, \cdots, B_b\}$。

设 ψ 为确定性的在线缓存算法，假设前 r_1 个请求为 $te_1 \notin \boldsymbol{B}_{te} = \{B_1, B_2, \cdots, B_b\}$，即 te_1 没有初始缓存在 MEC 服务器。如果 ψ 算法始终不缓存 te_1，那么 r_1 个请求完成后，ψ 算法产生的时延为 $D_\psi = r_1 \cdot T_{req}$。在这种情况下，OPT 算法会在第一次请求时缓存 te_1，OPT 算法产生的时延为 $D_{opt} = 1 \cdot T_{req}$。则 ψ 算法的竞争比为：

$$\frac{D_\psi}{D_{opt}} = \frac{r_1 \cdot T_{req}}{1 \cdot T_{req}} = r_1 \tag{5.51}$$

式中，r 可以无限大，即 ψ 算法的竞争比会无限大。

假设 ψ 算法缓存在 te_1 第一次请求时就缓存了它，则需要删除一个缓存内切片，假设 $te_2 \in \boldsymbol{B}_{te} = \{B_1, B_2, \cdots, B_b\}$ 是被删除的切片。然后有 r_2 个 te_2 请求，目前 te_2 已经不在缓存中，如果始终不缓存 te_2，则竞争比会无穷大，再假设在第一次请求 te_2 时就缓存了 te_2，则需要删除一个切片 $te_3 \in \{B_1, B_2, \cdots, B_b, te_1\}$。接下来有 r_3 个 te_3 请求，同 r_2 个 te_2 请求一样，这是一个循环过程。在第一次缓存 te_1 并删除 te_2 后，对所有的 $i = 2, 3, \cdots, b$ 都有 r_i 个 te_i 的请求，如果 ψ 算法不缓存 te_i，则竞争比会无穷大，如果要缓存则最好结果为在 te_i 的第一次请求时就缓存，如此只会产生 $1 \cdot T_{req}$ 时延。要删除的 $te_{i+1} \in \{B_1, B_2, \cdots, B_b, te_1\}$，整个过程如图 5.12 所示。

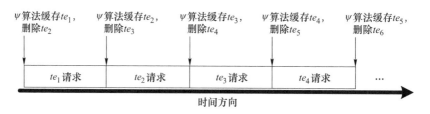

图 5.12　在线缓存算法竞争比证明举例

最终 ψ 算法最少也要产生 $b \cdot T_{req}$ 时延。对于 OPT 算法来讲，整个过程请求的 b 个切片都在 $\{B_1, B_2, \cdots, B_b, te_1\}$ 中，且其中有一个切片始终未被请求，则 OPT 的决策是在第一个 te_1 请求到来时删除那个缓存中始终未被请求的切片，接下来的 $\{te_1, te_2, \cdots, te_b\}$ 请求都在缓存中，并不需要转发请求到云服务器，所以 OPT 算法只产生 $1 \cdot T_{req}$ 时延。

因此 ψ 算法的竞争比至少是 $(b \cdot T_{req})/(1 \cdot T_{req}) = b$，得证。

5.2.4.2 VIE 算法渐进最优证明

渐进紧确界定义：$\Theta[g(n)] = \{f(n)$：存在正常量 c_1，c_2 和 n_0，使得对所有 $n \geqslant n_0$，有 $0 \leqslant c_1 g(n) \leqslant f(n) \leqslant c_2 g(n)\}$。

任何确定性的在线缓存算法的竞争比至少是 b，VIE 算法竞争比是 $(3 + 2\lceil d/b \rceil)b$。令 $g(b) = b$，$f(b) = (3 + 2\lceil d/b \rceil)b$，其中 d 为正整数常量，存在 $c_1 = 1$，$c_2 = 2d+5$，$n_0 = 1$，在 $n \geqslant n_0$ 时，使得 $0 \leqslant c_1 g(b) \leqslant f(b) \leqslant c_2 g(b)$（图 5.13），即 $(3 + 2\lceil d/b \rceil)b = \Theta(b)$。

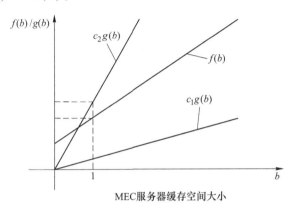

图 5.13 VIE 算法渐进最优证明

综上，VIE 算法在关于 b 的所有确定性在线缓存策略中是渐进最优的，得证。

5.2.4.3 对比算法的竞争比分析

分析静态离线（Static Offline）、LFU、LRU 和随机算法（Randomized）的竞争比，并分析其与 VIE 算法的优劣处。

（1）Static Offline 算法：假设边缘可以缓存 1 个切片数据，数据的请求序列为 $A_1 A_2 A_3 \cdots A_x B_1 B_2 B_3 \cdots B_x$，则 Static Offline 算法至少产生 $x \cdot T_{req}$ 时延，OPT 算法则只产生 T_{req} 时延，所以 Static Offline 算法的竞争比为 $\dfrac{x \cdot T_{req}}{T_{req}} = x$，随着 x 的增大，竞争比会无限大，所以 Static Offline 算法产生时延存在发散情况。与 VIE 算法相比，静态不变性是其弱点，VIE 算法虽然不知未来请求数据，但可以通过近期变化及时更新 MEC 服务器缓存，所以 VIE 算法在竞争比方面比 Static Offline 算法更有优势。

（2）LFU 算法：假设边缘可以缓存 2 个切片数据，数据的请求序列为 $A_1 A_2 A_3 \cdots A_x B_1 C_1 B_2 C_2 \cdots B_x C_x$，则 LFU 算法至少产生 $x \cdot T_{req}$ 时延，OPT 算法只产生 T_{req} 时延，所以 LFU 算法的竞争比为 $\dfrac{x \cdot T_{req}}{T_{req}} = x$，随着 x 的增大，竞争比会无限大。与 Static

Offline 算法相同，LFU 算法产生时延也存在发散情况。LFU 算法对比过往所有请求数据，而 VIE 算法只从当前请求回溯对比，因为早期数据与当前请求关联不大，所以使用早期数据参与缓存决策使 LFU 算法性能劣于 VIE 算法。

（3）LRU 算法：LRU 算法逻辑比较简单，将缓存数据组织成一串数据。如果请求缓存中的数据，将其放到首部。如果请求缓存外的数据，将其压到首部，并将尾部（即最不常用数据）压出缓存。LRU 算法的竞争比也与缓存空间 b 相关。但是 LRU 算法判断范围过小，请求即缓存，最近最不常用就删除。VIE 算法与 LRU 算法相比多了判断的范围，所以 VIE 算法性能优于 LRU 算法。

（4）随机算法：随机算法通过随机概率判断是否缓存当前请求，如果请求数据在缓存概率之外，则随机算法为每一个请求产生时延，所以随机算法竞争比也是无穷大。随机算法没有合理安排缓存判断，但相对于静态不变的缓存有进步。

综上，任意在线算法在边缘缓存空间大小为 b 的情形下，其竞争比至少为 b。VIE 在线缓存算法被证明是渐进最优的，且与静态离线、LFU、LRU 和随机算法在竞争比上做对比分析，从概念上解释其性能优越性。接下来将通过实验仿真验证 VIE 算法的性能。

5.2.5　仿真结果与分析

5.2.5.1　环境设置

本章利用第 3 章优化结果进行仿真，目的为验证 VIE 算法性能。使用文献 [100] 中的真实场景数据，设置请求数据的 Zipfian 分布形状参数为 $\eta_v = \{0.5, 1, 1.5\}$。其余仿真设置和第 3 章中的仿真设置相同。仿真验证了 VIE 算法在内容命中率、完成率、用户 QoE 和回程使用方面的性能。将所提出的 VIE 算法与五种缓存算法进行了比较，五种缓存算法有：

（1）静态离线算法（Static Offline）：计算所有内容请求的频率，选择前 b 个最受欢迎的内容缓存在边缘服务器上，该算法需要所有未来的请求信息。离线表现在其掌握所有未来请求信息，静态表现在其不用随着请求到来更新缓存内容。

（2）LFU 算法（Least Frequently Used）：记录所有缓存内容的请求频率，并通过删除最不频繁请求的内容在边缘缓存新的内容。如果有两个请求频率相同的最不频繁的请求内容，那就删除最后一次请求时间靠前的那个（如同 LRU 算法）。

（3）LRU 算法（Least Recently Used）：记录所有缓存内容的请求时间，并通过删除最久未请求的内容在边缘缓存新的内容。如果请求内容已在边缘缓存，则更新内容位置。

（4）FIFO 算法（First In First Out）：每个请求内容都被排队缓存，通过删除队尾内容在边缘缓存新的内容。与 LRU 不同在于请求内容已在边缘缓存时，不更新内容位置。

（5）随机算法（Randomized）：如果请求内容未在边缘缓存，则以 b/d 的概率缓存内容。如果边缘缓存已满，则以平均分布随机数随机删除一个已缓存内容进而缓存新内容。本随机算法是一种在线随机算法。

5.2.5.2 仿真结果分析

图 5.14 评估了 VIE 算法在内容命中率上的性能，横坐标为 MEC 服务器缓存空间大小与总数据量比例，设定为 [5%，10%，15%，20%，25%]，纵坐标为内容命中率，取值范围为 [0，1]。缓存空间越大，则可以将更多数据缓存在 MEC 服务器，内容命中率跟缓存空间大小成正比，所以图中所有缓存算法的内容命中率随着缓存空间大小的增加而变大。在六种缓存算法中，VIE 算法的内容命中率最高。静态离线算法由于其离线性质而比其他四种算法具有更高的内容命中率，由于其静态性质而比 VIE 算法具有更低的内容命中率。随机算法、LFU、LRU 和 FIFO 的内容命中率明显低于 VIE 算法的内容命中率。

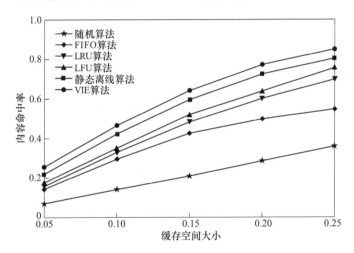

图 5.14 六种算法在不同缓存空间上内容命中率的比较

图 5.15 中有四张图，分别设置边缘缓存空间大小占比为 {10%，15%，20%，25%}。每张图的横坐标为请求数据 Zipfian 分布形状参数，纵坐标为内容命中率。因为分布偏度参数越大，则 VR 内容受欢迎程度分布越陡，所以每张图内容命中率随着分布偏度参数的增加而增加。本图表示边缘缓存空间和分布偏度参数的增大都会导致内容命中率增大。

图 5.16 评估了 VIE 算法在用户 QoE 上的性能，横坐标为六种缓存算法，纵坐标为用户 QoE，范围为 [0.2，0.75]，缓存空间大小设置为 15%。图 5.16（a）中设置 $T_{max2} = [0.2 \text{ s}，0.75 \text{ s}]$，图 5.16（b）中设置 $T_{max2} = [0.8 \text{ s}，$

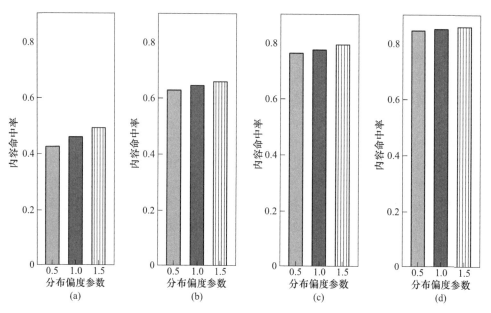

图 5.15   VIE 算法在不同缓存空间和分布偏度参数上内容命中率变化

（a）$b/d = 0.10$；（b）$b/d = 0.15$；（c）$b/d = 0.20$；（d）$b/d = 0.25$

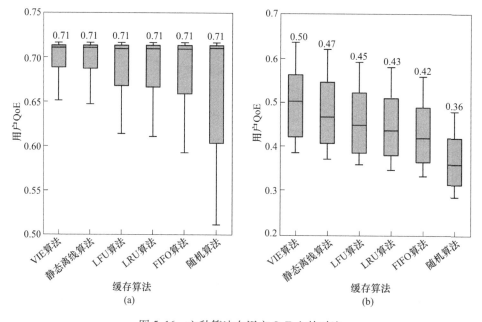

图 5.16   六种算法在用户 QoE 上的对比

（a）$T_{max2} = [0.2\ s, 0.75\ s]$；（b）$T_{max2} = [0.8\ s, 1.35\ s]$

1.35 s]，意味图 5.16（a）的计算传输综合资源更高。由图 5.16（a）可知，在资源足够多时（计算和传输速率足够大），缓存算法命中率并不影响用户 QoE。但是资源足够多的理想模型还不存在，随着 T_{max2} 增大（资源减少），缓存算法的重要性开始显现。由图 5.16（a）中每个算法下面数据和图 5.16（b）可知，VIE 算法的用户 QoE 最大，并且用户 QoE 的差距会随着资源的减少逐渐拉大。静态离线、LFU、LRU、FIFO 和随机算法的用户 QoE 则明显低于 VIE 算法。图 5.16（a）到图 5.16（b）的变化，充分说明计算传输资源对用户 QoE 的重要性，也验证了 VIE 算法在资源不足时能有效提高用户 QoE。

图 5.17 评估了 VIE 算法在数据完成率上的性能，横坐标为六种缓存算法，纵坐标为完成率，范围为 $[0.35, 1.02]$，缓存空间大小设置为 15%。与图 5.16 同理，通过设定 T_{max2} 划分图 5.17（a）和（b）。因为完成率由内容命中率、计算速率和传输速率决定，在计算和传输速率足够大时，有足够时间到云端请求数据，所以命中率对完成率的影响会消失。如图 5.17（a）所示，在 T_{max2} 接近 0.2 s 时，所有算法下的完成率都达到了最大。但是随着计算和传输资源降低，VIE 算法优势开始显现。在图 5.17（a）T_{max2} 接近 0.75 s 时和图 5.17（b）中明显 VIE 算法的完成率高于其他五种算法，这种差距会随着资源的降低进一步拉大。在六种缓存算法中，VIE 算法的命中率最高，所以其完成率也是最大。静态离线、LFU、LRU、FIFO 和随机算法的完成率则明显低于 VIE 算法。图 5.17（a）到图 5.17（b）的变化，充分说明计算传输资源对完成率的重要性，也验证了 VIE 算法在资源不足时能有效提高完成率。

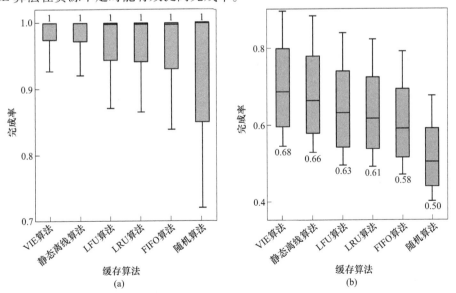

图 5.17 六种算法在完成率上的对比

（a）$T_{max2} = [0.2\ s,\ 0.75\ s]$；（b）$T_{max2} = [0.8\ s,\ 1.35\ s]$

在图 5.18 中，评估了 VIE 算法在回程使用上的性能。横坐标为边缘缓存空间大小，设置为 [5%，25%]，纵坐标为回程使用量，范围为 [0 TB，5 TB]，T_{max2} 设置为 0.8 s。随着边缘缓存空间变大，回程使用量逐渐变小。VIE 算法的回程使用量最小，一直低于 5 个对比算法。在边缘缓存空间为 15% 处，VIE 算法比静态离线算法回程使用量少 178.02 GB，比 LFU 算法回程使用量少 565.25 GB，比 LRU 算法回程使用量少 699.15 GB，比 FIFO 算法回程使用量少 978.62 GB，比随机算法回程使用量少 2.01 TB。VIE 算法在边缘缓存空间为 10% 处的回程使用量比随机算法在边缘缓存空间为 25% 处的回程使用量还要少，一个性能好的缓存算法相当于增加了边缘缓存空间。由图可知 VIE 算法能有效降低回程使用量，减轻回程链路压力。

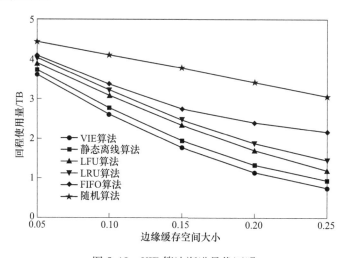

图 5.18　VIE 算法渐进最优证明

⑥ 脑电情感识别算法及其在虚拟现实场景评价研究

6.1 时频空三维特征矩阵和时序脑电信息提取方法

近年来，随着计算能力的提升与深度学习、信号处理技术的发展，为了提取更加丰富和关键的脑电信号特征，更为高效的脑电信号分析方法成为研究者探索的热点。一方面，脑电信号表现出时间分辨率高而空间分辨率低的信号时空分布特性，另一方面，自发脑电信号的主要和常用信号表现在不同频率的范围和节律中。因此，利用频域分析研究脑电信号，特别是结合了时域、频域和空域信息的构建三维特征矩阵模型能够为脑电信号的多个维度特征提供一个综合的视角。该方法不仅可以更深入地了解脑电信号的复杂性，也提升了识别和分类情感状态的准确度。

本章旨在提取脑电信号频域信息的基础上，介绍时频空三维特征矩阵的构造方法，同时研究从时序脑电信号中提取有用的信息。首先利用每 0.5 s 的滑动窗口分别提取 32 个通道的脑电信号帧，然后利用带通滤波器将信号帧分解为四个频带信息；在此基础上计算出每个频带的微分熵和功率谱密度，再根据人脑感情区域部分组成出 2D 脑图；最后利用特征信息和 2D 脑图构建三维特征矩阵，同时利用特征信息和时域信息构建脑电信号的时序特征。通过全面整合时域、频域和空域信息，本章提出了一个多维度的脑电信号特征分析与提取方法，为后续提出多元联合神经网络模型的数据打下坚实的基础。

6.1.1 脑电信号时空域多频特征提取与分析

脑电信号的频段特征体现了大脑各个区域的表达状态，不同频段信息与大脑的情感活动息息相关，为了提高脑电情感识别的准确率，首先对脑电信号进行多频特征提取，然后分别利用能够反映信号复杂度和非稳定性特征的微分熵以及能够分析信号频域分别的功率谱密度特征对脑电信号的频域特征进行提取。

6.1.1.1 滑动窗口分割

脑电信号是一种随机非稳定信号，随机信号可以分为平稳信号和非平稳信号。其中，平稳信号的特点为分布参数或分布律为一个常数，不会随着时间改变而变化。此类信号已有成熟的研究方法，具体表现在有完整的理论分析和有效的实验研究方法。非平稳信号的特点为其函数以时间为因变量之一。相对的，此信号研究还在探索中，其理论分析相对于前者较为复杂。综上，将非平稳信号通过一些手段转换为近似的平稳信号是实际应用中大多采用的方法。例如最常用的手段为将某段时间内非平稳信号采用微积分理论将其切分成小段，每一小段时间内可以近似看为一个常数，即切割成近似平稳信号进行处理[101]。

　　DEAP 数据集获取到初始的脑电信号后，为整理出比较干净的数据信号，一般会对脑电信号进行去尾迹、滤波和去噪等预处理。预处理过后的信息就可以进行下一步的特征提取操作。由于脑电信号是一种非稳定信号，目前大多数数字信号特征计算方法都是针对稳定信号的，为了使用该领域内较为成熟的信号特征提取算法，使用滑动窗口器对预处理之后的脑电信号进行分割，将窗口设计得较小，非平稳的脑电信号可以近似看作平稳信号处理，为了提高对后续的脑电信号的特征提取效率，采用如图 6.1 所示的脑电信号分割处理流程，最终形成不同电极下的特征序列。

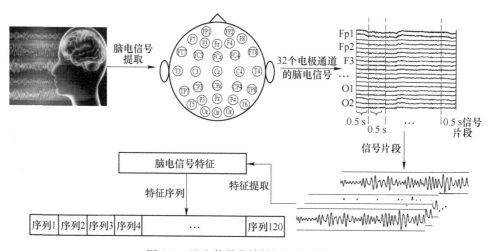

图 6.1　脑电信号分帧特征提取示意图

　　首先，将 32 个电极中的每个电极的 63 s（其中前 3 s 为基线信号）信号数据平均切割成 126 帧，每帧长度为 0.5 s。因为脑电信号数据的采样率为 128 Hz，所以每帧的信号数据为 64。在本书中，为了减少受试者个体之间的差异性，提高情感识别的精度，使用 60 s 不同帧率的特征信号与前 3 s 的基线信号差值的均值作为实验信号，不同帧率的差值信号数据记为 Signal_difference$_t$，具体计算公式如式（6.1）所示。

$$Signal\_difference_t = F_t - \frac{Base\_F_1 + Base\_F_2 + \cdots + Base\_F_6}{6} \quad (6.1)$$

式中，F_t 为在 t 帧率的脑电信号数据特征；$Base\_F_i(i = 1, \cdots, 6)$ 为在 i 帧率的基

线信号数据特征。每个时间片段之间不进行重叠，可以增加和丰富数据量。

为了结合脑电信号的空间和时间序列特征，按照时间和空间电极顺序，将每个时间片段对应不同的 32 个电极通道分别进行信号提取，即每个 0.5 s 时间信号片段都包含 32 个电极信息。其次，将提取到的数据特征按时间顺序进行叠加，最后得到每个被试者观看 1 min 视频的脑电信号特征序列。

本书将使用微分熵（Differential Entropy，DE）和功率谱密度（Power Spectral Density，PSD）作为脑电信号的特征计算方式。

6.1.1.2 频带能量特征提取

大脑节律信号、事件相关电位（Event Related Potential，ERP）和其他自发电活动构成了 EEG 信号。根据前文对 EEG 的描述可知，5 种按频率从高至低的波段分别为 Delta 波、Theta 波、Alpha 波、Beta 波和 Gamma 波，它们共同组成了大脑节律信号。由大量已有研究可知，不同大脑区域的节律信号变化情况可以对大脑情感活动的变化进行表达[102]。由于大脑的情感活动主要集中在低中频带区域，所以对原始信号进行了 4~45 Hz 的带通滤波处理，因此本书只对 Theta 波 4~8 Hz，Alpha 波 8~14 Hz，Beta 波 14~31 Hz 和 Gamma 波 31~45 Hz 共 4 个波段进行频带能量特征提取。EEG 的频带能量特征具体提取过程如图 6.2 所示。

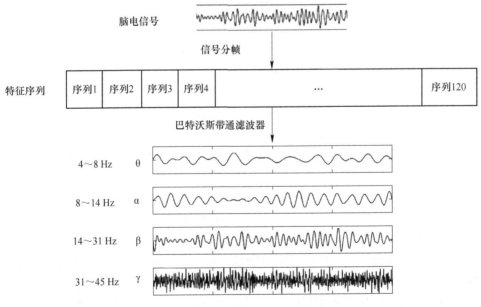

图 6.2 脑电信号频带信息提取过程

对脑电信号频域能量分频是基于滑动窗口器对脑电信号分帧的基础上处理的。由于脑电信号包含了多个频率分量，为了可以选择性地滤除某些频率分量，剔除脑电信号中的低频和高频噪声，使得信号更加干净，提取重要节律的频率信息。因此，在计算脑电信号频域特征信息之前，需要选择合适的带通滤波器对脑电信号进行分频处理。

为了在处理脑电信号时不引入额外的谐波和相位失真，使得滤波后的信号只有振幅上的变化，且在频率响应时保持通带范围内的均匀，选择巴特沃斯带通滤波器作为脑电信号的分频滤波器。巴特沃斯带通滤波器是一种常用的数字滤波器，用于滤除信号中的不需要的低频和高频成分，保留某一特定的频率范围内信号的频谱内容[103,104]，通过选择适当的截止频率范围，巴特沃斯带通滤波器可以凸显出大脑表达情感的特定频率范围内的脑电活动。巴特沃斯带通滤波器的传递函数可以通过式（6.2）计算得到。

$$H(s) = 1/\text{sqrt}(1 + (s/w_c)^{2N}) \tag{6.2}$$

式中，$H(s)$ 为复频域的传递函数；s 为复变量；N 为滤波器的阶数；w_c 为截止频率。为了将传递函数从连续域转换到离散域，使用双线性变换（Bilinear Transform）。双线性公式为：

$$s = 2 \cdot F_s \cdot (z - 1)/(z + 1) \tag{6.3}$$

式中，z 为复变量；F_s 为采样频率。将双线性变换应用于巴特沃斯带通滤波器的传递函数，可以得到离散域的传递函数，具体公式为：

$$H(z) = 1/\text{sqrt}(1 + ((2 \cdot F_s \cdot (z - 1)/(z + 1))/w_c)^{2N}) \tag{6.4}$$

这个离散域的传递函数即为巴特沃斯带通滤波器的公式。

由于每个电极的脑电信号通过滤波器分频后可以计算出四个频域的信息，所以每 0.5 s 时间段脑电信号数据提取到的频域能量信息的特征向量大小为 32×4。

6.1.1.3　微分熵和功率谱密度特征提取

脑电信号作为人类生理信号的一种，是大脑中神经元受到外界刺激后产生的电信号响应，是一种时间序列信号。本书使用的 DEAP 数据集根据国际标准 10-20 系统采集到的脑电信号数据是以数字信号的形式存在，且脑电数字信号是一种随机的、不稳定的信号，微分熵能够衡量脑电信号的复杂度和不确定性；脑电信号的频带分布可以反映出大脑的不同情感状态，充分结合脑电信号的频域特征进行情感识别分析至关重要，功率谱密度能够有效地提取脑电信号频域内能量的分布。所以使用脑电信号的功率谱密度和微分熵计算脑电信号的特征信息。

功率谱密度是描述信号在频域内能量分布的重要概念[105]。功率谱密度可以将脑电信号从时域转换到频域，能够提取信号中的频率信息。这对于研究大脑情感活动、识别特定频率和不同频率组成在脑电信号中的作用至关重要。除此之外，功率谱密度可以分析不同频段在脑电信号中的能量分布，比如前文提到的 α 波、β 波等，进而研究这些能量特征与情感形成过程之间的关联。通过功率谱密度的计算，可以提取脑电信号在时间和空间上的特征，例如不同脑区频率间的相互关系等，有助于研究大脑情感活动的时空动态。在脑电信号处理过程中，使用功率谱密度分析脑电信号的频域特征，从而揭示大脑情感活动的信息。

在前文中提取了滑动窗口下四个频带每帧的能量，在此基础上，对提取的每个片段各个频带计算出其功率谱密度，四个不同频带能量转换成功率谱密度热力图，如图6.3所示。计算功率谱密度的公式可以通过傅里叶变换得到。对于信号 $x(t)$，其功率谱密度 $P(f)$ 的计算公式如式（6.5）所示。

$$P(f) = \lim_{T \to \infty} \frac{1}{T} \left| \int_{-T/2}^{T/2} x(t) e^{-j2\pi ft} dt \right|^2 \tag{6.5}$$

式中，$P(f)$ 为频率为 f 时的功率谱密度；$x(t)$ 为信号随时间的变化；T 为信号的时间长度；$\left| \int_{-T/2}^{T/2} x(t) e^{-j2\pi ft} dt \right|$ 为信号 $x(t)$ 在频率 f 处的傅里叶变换。

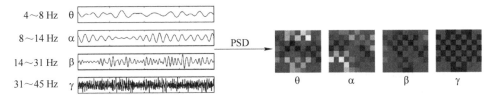

图6.3　计算四个不同频带功率谱密度的热力示意图

在脑电情感识别中，微分熵通常被用作特征提取的计算方法[106]，能够衡量脑电信号的复杂度和不确定性。微分熵是对连续随机变量熵的概念扩展，与离散随机变量的熵不同，涉及概率密度函数的对数。微分熵提供了一种度量信号波形复杂性的方法，复杂度较高的信号通常具有更高的熵值，这表明信号的预测性较低。在脑电情感识别中，不同的情绪状态可能导致大脑活动模式的显著变化，这反过来会影响信号的复杂性和熵值。一方面，脑电情感状态的变化会导致大脑活动模式的不同，这反映在脑电信号的统计特性上，脑电信号的微分熵可以作为某一状态下大脑活动的量化指标，为构建用于脑电情感识别的深度学习网络模型提供重要特征；微分熵还对信号概率分布的变化比较敏感，因此可以用来检测复杂的脑电情感变化。另一方面，脑电信号是高度非线性的，传统的线性分析方法可能无法充分揭示其中的复杂性，微分熵作为非线性特征有助于捕捉这一点。四个不同频带能量转换成微分熵热力图，如图6.4所示。

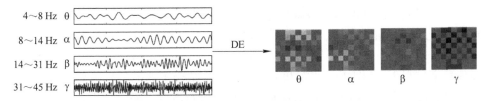

图6.4　计算四个不同频带微分熵的热力示意图

具体地，在脑电情感识别中，微分熵通过公式（6.6）计算。

$$H(X) = -\int_{-\infty}^{\infty} p(x) \lg p(x) \, \mathrm{d}x \tag{6.6}$$

式中，$H(X)$ 为随机变量 X 的微分熵；$p(x)$ 为 X 的概率密度函数。

6.1.2　三维特征矩阵和时序信息的构建

脑电情感信号反映了大脑皮层神经元群体在活动中的电位变化，这些信号高度复杂，它们源于大脑不同区域、不同功能和不同时间点上神经元放电活动的综合反应，在分析脑电信号时应充分结合大脑不同功能区情感表达的空间特征和时间顺序。为了准确地分析脑电信号数据对大脑情感表达的影响，提高脑电情感识别的准确率，充分结合了脑电信号的空域和频域信息，构建脑电三维特征矩阵数据。

6.1.2.1　三维特征矩阵

在脑电情感识别中，同时利用脑电信号的空间信息和频域信息有着至关重要的作用。空间信息能够描述理解情感处理的大脑区域，不同的情感活动可能会在大脑的不同部位产生特定的电信号数据。此外，利用多通道脑电数据可以揭示情感状态的空间分布特征。频域信息则体现出了不同大脑区域与特定情感相联系的脑波变化，如情感激活与特定频率波段功率的变化之间的关系。将空间信息和频域信息结合起来能够提供一个更全面的脑活动特征，从而增强情感识别的精度和鲁棒性。不仅如此，这种结合可以揭示不同脑区间相互作用的复杂模式，对于理解和分析复杂的脑电情感状态非常关键。因此，在对脑电信号数据进行特征提取时，融合空间特征与频率特征成为提高情感识别准确性的重要方法。

提取了脑电信号的频域特征信息后，需要充分融合脑电信号的空域特征。使用的 DEAP 数据电极采集区域是在国际标准 10-20 系统基础上排列的，其中，情感信号来源 32 个脑电信号采集点，如图 6.5（a）所示。因此，根据大脑上分布的 32 个情感信号采集点，将其映射为矩形 2D 脑图，映射关系如图 6.5（b）所示。2D 矩形脑图的垂直和水平方向分别用 h 和 w 表示，$h = 8$，$w = 9$；频域特征计算得到的微分熵和功率谱密度特征分别按照图 6.5 所示的空间分布进行填充，其余空缺位置用"0"填补，尽可能地保留了电极之间的空间信息。

在不同频带计算得到的特征信息根据 2D 脑图填充后，根据频带数据 theta、alpha 并行排列在上，beta、gamma 并行排列在下进行分布，构建出两个大小为 16×18 的 2D 矩阵；通过平铺 theta、alpha、beta、gamma 四个频带计算得到的特征信息来扩充 2D 脑图矩阵的 h 和 w。一方面，结合了脑电信号重要的频域信息的同时，进一步将脑电的频域信息和空间信息进行融合；另一方面，该扩充后的 2D 脑图矩阵数据量更丰富，有利于提高后续卷积神经网络的泛化表达能力和对脑电情感数据识别的准确性，提高了脑电信号数据的多样性。

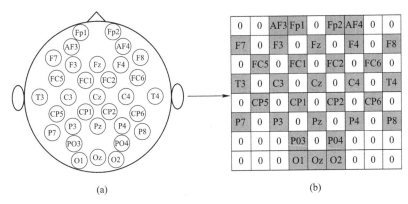

0	0	AF3	Fp1	0	Fp2	AF4	0	0
F7	0	F3	0	Fz	0	F4	0	F8
0	FC5	0	FC1	0	FC2	0	FC6	0
T3	0	C3	0	Cz	0	C4	0	T4
0	CP5	0	CP1	0	CP2	0	CP6	0
P7	0	P3	0	Pz	0	P4	0	P8
0	0	0	PO3	0	PO4	0	0	0
0	0	0	O1	Oz	O2	0	0	0

(a)   (b)

图 6.5　EEG 电极分布图和二维矩阵构造图

（a）EEG 电极分布图；（b）电极二维矩阵

由于功率谱密度可以将脑电信号从时域转换到频域，用来提取信号中的频率信息；微分熵能够衡量脑电信号的复杂度和不确定性。因此，为了同时结合两种脑电信号特征数据，尽可能地对脑电信号的频域特征信息进行分析，本书将功率谱密度特征 2D 脑图矩阵在上，微分熵特征 2D 脑图矩阵在下的顺序进行深度堆叠，建成了最终的 3D 特征矩阵图。在充分结合了脑电信号频域和空域特征信息的同时，满足了卷积神经网络对三维数据特征表达能力强的特性。每个矩阵都是 2DCNN 模型的输入，高度为 16，宽度为 18，深度为 2，如图 6.6 所示。适应了卷积神经网络具有对多维空间数据的表达能力强且便于训练的特性。

6.1.2.2　脑电信号的时序信息

在脑电情感识别中，提取脑电信号的时序信息至关重要，由于大脑对情感处理是一个动态变化的过程，这些变化在信号的时间维度上呈现出显著的特征。情感反应会引起脑电信号随时间而变化，可以通过对信号时序分析来获取。例如，快速变化的事件可能触发即时的情感反应，而这种反应在脑电信号的时间序列中表现出瞬时的波形变化，如事件相关电位。时序信息也能表现情感状态随时间的稳定性或过渡性，可以区分短暂的情感冲动和持续的情感状态。此外，一些复杂的情感处理可能涉及大脑不同区域之间的序列激活，这种时序上的动态相互作用只能通过时间维度的分析来揭示。时序信息为了解脑电信号与情感之间的细微关联提供了一个重要的视角，补充了频域和空间信息，使得情感识别变得更加全面和精细。因此，为了全面分析脑电情感信号特征，在频域和空域的基础上，结合其时序信息研究很有必要。

与 6.1.2.1 节三维特征矩阵信息提取类似，对于每个 0.5 s 的数据窗口，从 32 个电极信号分解得到的 theta、alpha、beta、gamma 四个频带中分别提取功率谱密度和微分熵特征信息。为了保留脑电信号的空间信息，根据 2D 脑图的电极位

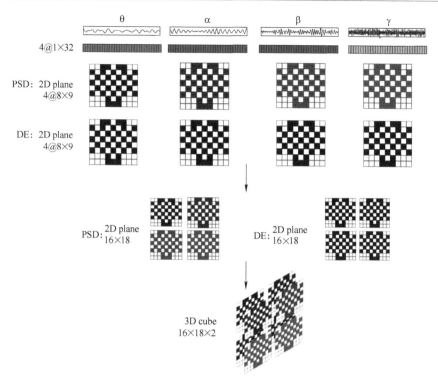

图 6.6　每个频带从线性信息转化成二维脑图再到 3D 特征矩阵图的过程示意图

置排列，将功率谱密度特征信息排列在前，微分熵特征信息排列在后，使两者特征信息进行充分融合，形成两组四个频带特征信息，即大小为 2×4 的线性数据。最后将每 0.5 s 脑电信号数据根据 2D 脑图组合成 32×8 大小的二维序列数据，随时间序列输入到深度学习网络中，以保留脑电信号的时域特征，也适应了 LSTM 网络结构对时间序列泛化能力强的特性，脑电信号的时序特征信息具体提取流程如图 6.7 所示。

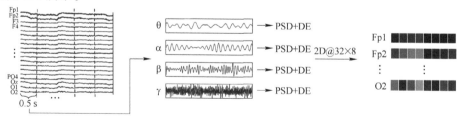

图 6.7　脑电信号时序特征信息提取示意图

6.1.3　实验验证

为验证经过滑动窗口分割、频带分频之后提取到的微分熵和功率谱密度特征信息的有效性，用卷积神经网络和 LSTM 网络对该特征信息分别在效价和唤醒度两个维度上进行实验验证，在效价上的实验验证结果如图 6.8 所示，在唤醒度上的实验验证结果如图 6.9 所示。由图可知，功率谱密度和微分熵特征在唤醒度和效价两个维度上都表现出了较高的情感识别准确率，说明了这两者特征的有效性。

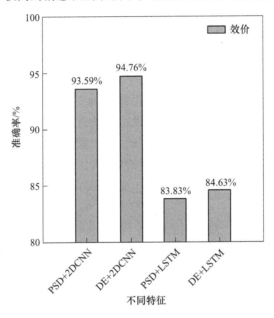

图 6.8　不同特征在效价上的实验结果图

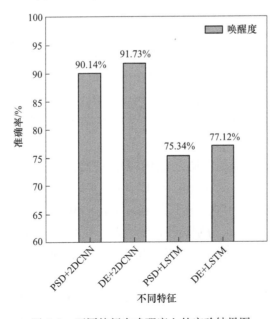

图 6.9　不同特征在唤醒度上的实验结果图

（1）从不同神经网络角度分析：使用卷积神经网络比使用 LSTM 网络在效价和唤醒度两个维度上的情感识别平均准确率都高。其中，在效价上分别高 9.76% 和 10.13%，在唤醒度上分别高 14.80% 和 14.61%。卷积神经网络具有对多维空间数据表达能力强的特性，LSTM 网络具有对时序信息泛化能力高的特性，由此可以看出，结合脑电信号的空间特性对脑电信号进行情感识别比时序信号更为有效。说明了脑电信号的空域特征信息比例占比较大，时域特征信息也具有一定的有效性。

（2）从不同特征信息角度分析：功率谱密度特征的识别平均准确率都高于微分熵特征的准确率。其中效价上分别提升 1.07% 和 0.80%，唤醒度上分别提升 1.59% 和 1.78%。功率谱密度描述了能量在频域内的能量分布，微分熵可以衡量信号的复杂性和非线性特征，说明脑电信号的非线性特征表现性要高于脑电信号的线性特征，且频域特征在脑电信号的特性中占比可能较大，充分结合脑电信号的时域特征可提高情感识别的准确性。

6.2　多元任务联合神经网络脑电情感识别算法

6.2.1　卷积神经网络

卷积神经网络（Convolutional Neural Network，CNN）最早是由研究猫头皮神经的两位科学家在研发的 MLP 神经感知器中获取启发的[39]。卷积神经网络与普通平原网络相比，具备局部连接（Local Linking）和权重共享（Weight Sharing）两个优势[107]。前者使得网络的复杂度降低，因为模块间可以局部相连，不需要一一映射，从而简化了模型结构，降低了复杂度。后者可以保证网络的泛化能力，使得网络不容易过拟合，增加了卷积神经网络的可靠性。CNN 优势具体表现在网络结构中的卷积层和池化层，这两层对于数据的特征提取能力有很好的效果，这也是 CNN 的特色所在。接下来是对 CNN 结构的具体描述。

6.2.1.1　卷积层（Convolutional Layer）

卷积层进行特征提取的工具为线性卷积滤波器，如式（6.7）所示。

$$(h_k)_{ij} = (W_k * x)_{ij} + b_k \tag{6.7}$$

式中，k 为卷积特征图索引且 $k = 1, \cdots, n^2$；i，j 为第 k 个特征图中神经元的索引；x 为输入数据；W_k 和 b_k 分别为线性滤波器（核）的可训练参数（权重）和第 k 个特征图中神经元的偏差；$(h_k)_{ij}$ 为位置为 (i, j) 的第 k 个特征图中神经元的输出值。

6.2.1.2　线性整流层（Rectified Linear Units Layer，ReLU Layer）

ReLU 函数是经典的拟合函数，由于简单高效的特点，被应用于卷积结构中。

其能够缓减梯度消失，避免梯度爆炸问题，使模型快速收敛，ReLU 函数如式（6.8）所示。

$$f(x) = \begin{cases} x, & x \geqslant 0 \\ 0, & x < 0 \end{cases} \tag{6.8}$$

6.2.1.3　池化层（Pooling Layer）

池化层的作用是减小参数计算量并且在一定程度上控制过拟合。其工作原理是减少网络参数，在输入数据的每个子区域取最大值或平均值，通过非线性下采样，使卷积网络达到高效的拟合效果。在现实操作中一般使用最大池化来实现对特征图中小偏移的不变性。

6.2.1.4　全连接层（Fully Connected Layer）

全连接层是一个经典的神经网络层，通过特征提取实现分类，其中下一层的特征是前一层特征的线性组合，如式（6.9）所示。

$$y_k = \sum_l W_{kl} x_l + b_k \tag{6.9}$$

式中，y_k 为第 k 个输出神经元；W_{kl} 为 x_l 和 y_k 之间的第 k 个权重。

卷积神经网络通过局部连接、权值共享、层次化特征学习和对变换的鲁棒性等优势，有效解决了图像处理领域的挑战。其结构降低了参数数量、提高了计算效率，同时具备对平移、旋转和尺度变换的鲁棒性，使其能够逐层提取抽象特征，从而在图像分类、目标检测和分割等任务上表现卓越。CNN 的参数共享和稀疏表示机制有助于减少过拟合，而可并行计算能力使其在硬件加速器上实现高效计算，使得 CNN 成为处理多维数据任务的关键模型之一，基于 CNN 具有对多维空间数据的表达能力强且便于训练的特性，使用 2DCNN 网络模型对前文提取到脑电信号的三维特征矩阵进行识别。

使用的卷积神经网络包括输入层、卷积层、输出层三个部分，其中输入数据是由提取到的微分熵和功率谱密度特征在空域的基础上组成的三维特征矩阵；卷积层包括三个二维卷积网络，卷积核的大小分别为 5×5、4×4、5×5，为了充分提取输入数据的有效信息数量，卷积步长都设为 1。三个卷积网络都使用 ReLU 作为激活函数，为了提升网络的训练速度和稳定性，减少梯度消失和梯度爆炸问题，同时加速模型收敛，每层卷积网络之后都接一层批量归一化层；为了有效地减少神经元之间的依赖关系，减少网络的过拟合现象，提高网络的泛化能力，每层网络的最后都会接一层 Dropout 层；为了减少计算量和参数数量，同时保留最显著的特征信息，在特征融合前对卷积数据进行步长为 2，大小为 2×2 的最大池化处理；最后经过大小为 4096 和 512 的全连接层，卷积神经网络结构如图 6.10 所示。

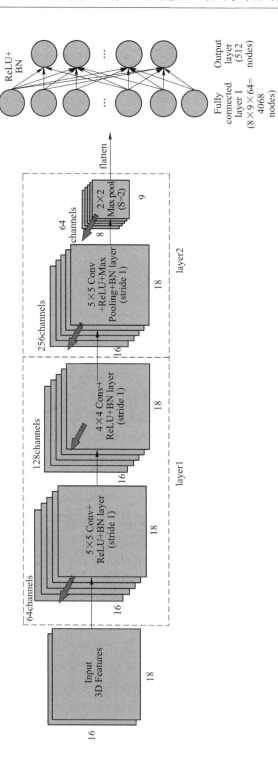

图 6.10 卷积神经网络结构示意图

6.2.2　LSTM 神经网络

　　RNN 对于解决长距离时序依赖问题表现并不理想，于是创造了 LSTM（Long Short Term Memory，长短期记忆）来解决此问题。通过对普通神经元进行改进，引入遗忘门、输入门、输出门来控制记忆单元的状态。并且在隐藏层的每一个神经元中引入记忆单元，可以很好地解决长距离时序依赖问题[108]。

　　如图 6.11 所示，LSTM 网络由三大块组成，分别为遗忘门、输入门和输出门。遗忘门中输入 x_j 与状态记忆单元 H_{j-1}、中间输出 g_{j-1} 共同决定状态记忆单元遗忘部分。sigmoid 和 tanh 函数将 x_j 处理过后，共同决定保留记忆单元中的哪些向量。中间输出 g_j 由更新后的 H_j 与输出 q_j 共同决定，计算公式如式（6.10）~式（6.15）所示。

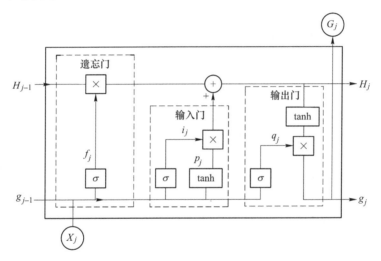

图 6.11　LSTM 结构图

$$f_j = \sigma(W_{fx}x_j + W_{fg}G_{j-1} + b_f) \tag{6.10}$$

$$i_j = \sigma(W_{ix}x_j + W_{ig}G_{j-1} + b_i) \tag{6.11}$$

$$p_j = \phi(W_{px}x_j + W_{pg}G_{j-1} + b_p) \tag{6.12}$$

$$q_j = \sigma(W_{ix}x_j + W_{qg}G_{j-1} + b_q) \tag{6.13}$$

$$H_j = p_j \odot i_j + H_{j-1} \odot f_j \tag{6.14}$$

$$g_j = \phi(H_j) \odot q_j \tag{6.15}$$

式中，f_j、i_j、p_j、q_j、H_j 和 g_j 分别为遗忘门、输入门、输入节点、输出门、中间输出和状态单元的状态；W_{fx}、W_{fg}、W_{ix}、W_{ig}、W_{px}、W_{pg}、W_{ix} 和 W_{qg} 分别为相应门与输入 x_j 和中间输出 g_{j-1} 相乘的矩阵权重；b_f、b_i、b_p 和 b_q 分别为相应门的偏置项；$\odot$ 为向量中元素按位相乘；σ 为 sigmoid 函数变化；ϕ 为 tanh 函数变化。

由此，LSTM 网络具备记忆能力。除了传统的隐藏状态，LSTM 还引入了细胞状态。细胞状态在整个时间步骤中保持不变，通过门控单元的操作，可以更新、传递或清除相关信息。这种记忆机制使得网络能够处理涉及到长期依赖关系或某些需要保留信息的任务。例如，当处理自然语言生成时，网络可以记住前面生成的单词并使用这些信息来生成后续的单词，从而生成更连贯和准确的文本。此外，LSTM 网络还适用于处理长序列数据。在一些任务中，数据可能是非常长的序列，比如音频信号、传感器数据或股票价格序列等。传统的 RNN 在处理这些长序列时面临着梯度消失、信息丢失等问题。LSTM 网络通过它门控机制和记忆单元，能够更好地捕捉和利用这些长序列中的信息。

综上所述，由于 LSTM 的核心优势在于能够学习并记住长期依赖信息，这使得其适用于需要处理或预测长序列数据的任务。因此，相比于其他类型的神经网络，LSTM 能更准确地反映时间序列数据中的时间依赖性，从而提供更准确的预测和分析，表现出对时序数据泛化能力强的特性，所以使用 LSTM 网络模型对提取到脑电信号的时序特征进行识别。

6.2.3 多任务学习机制

多任务学习机制是在机器学习和深度学习中相对于单任务学习机制而来的，其中模型被设计用于同时学习和执行多个相关任务[109]。这种机制旨在通过共享模型的学习特性来提高性能，使模型能够更有效地处理多个任务，并且在这些任务之间实现泛化。在机器学习中，对于简单的问题，一般来说是一个学习任务训练一个算法；对于复杂的学习任务，通过将其分解为简单的子问题并针对子问题分别训练一个学习任务算法。因此，单任务学习机制子问题间不能实现泛化拟合能力的共享，各个算法单独进行，复杂的学习任务使用单任务机制往往拟合能力弱，识别效果差，单任务学习和多任务学习机制的基础模型构造如图 6.12 所示。脑电信号情感识别是一个复杂的学习任务，需要优化唤醒度和效价两个目标函数，因此构建了多任务学习机制对其进行情感识别。

由于多任务学习机制需要同时训练多个不同的目标函数，因此整体网络模型的损失值是多个目标函数的加权和，具体表达式如下所示：

$$L_{\text{total}} = \sum_k \omega_k L_k \tag{6.16}$$

式中，L_{total} 为整体网络的损失值；ω_k 为不同任务的加权系数；L_k 为不同任务的损失值。

为了得到最优解，即获得最低的损失值，就需要权衡每个任务之间的效益值，如果加权值设置不到位，就有可能使得某个或多个任务的效益值变大。所以尽可能在使得加权损失值最小的同时，提升各个任务间的训练效益。根据加权值的设置不同，可以分为手动和自动加权设置。自动加权设置根据每个任务的不确

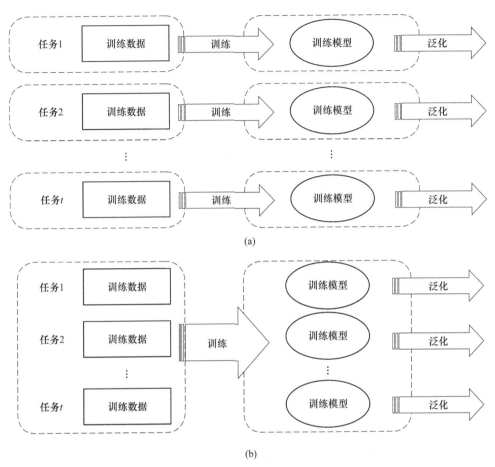

图 6.12 单任务学习和多任务学习机制的基础模型对比图
（a）单任务学习机制；（b）多任务学习机制

定性，在任务的损失值前加约束值，约束值和任务的不确定性成正比，手动加权
设置中使用最多的是根据网络训练的状态实时设置加权值。根据效价和唤醒度两
个任务的等效性，采用实时设置加权值，具体表达式如下所示：

$$\omega_k^{(t)} = 1 / \left[\mathrm{sg}(L_k^{(t)}) \right] \tag{6.17}$$

式中，sg( ) 为停止梯度计算，由该式可知，虽然各个任务的 Loss 值始终为 1，但
其梯度不等于 0。

当前，根据共享机制的不同，多任务模式可以分为两种：一种是根据不同任
务之间的相似特征，对模型的主体部分进行参数共享，将不同任务之间的分支模
型输出进行共享，可以减少不同模型间在训练任务时的过拟合概率，这叫作硬参
数共享；另一种是根据多个任务之间的参数共享位置不同进行划分，将模型底部
结构参数进行共享，其他位置参数视情况进行共享的叫软参数共享。由于需要对

提取的脑电信号的空频特征和时频特征进行融合识别，所以使用的是硬参数共享的多任务学习共享机制，多任务学习机制具体结构如图 6.13 所示。

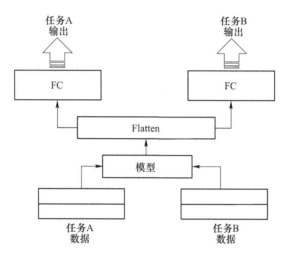

图 6.13 多任务学习机制结构图

6.2.4 MT-2DCNN-LSTM 多元任务联合神经网络设计

根据 CNN 具有对多维空间数据的表达能力强且便于训练的特性；LSTM 能更准确地建模时间序列数据中的时间依赖性，从而提供更准确的预测和分析，表现出对时序数据泛化能力强的特性；以及多元任务学习可以使用单一模型或部分模型来解决多个问题的方法，同时解决不同的任务有利于模型的泛化[110]。而且，能够在网络训练和迭代期间节省计算资源，可以在一次训练中，同时针对多个任务进行训练。因此，使用了一种 2DCNN 和 LSTM 联合的多元任务神经网络架构，2DCNN 和 LSTM 联合不仅能对 3D 特征矩阵图的空间性进行抽象表达，而且可以提取脑电信号的时间相关性；充分融合了特征信息，并且为这种架构高度优化了 GPU 学习过程。图 6.14 为提出的 MT-2DCNN-LSTM 模型的总体结构。模型的输入是 3D 特征矩阵图和二维时间序列数据。其中，2DCNN 模型由 4 个二维卷积层、1 个全连通层、每一个层之后的 Dropout 层和 Batch 归一化层组成；LSTM 模型由 2 个隐藏层和每一层之后的 Batch 归一化层、1 层全连接层组成，MT-2DCNN-LSTM 模型训练时各层结构的输出及其参数量如表 6.1 所示。整个模型将两个全连接层的特征充分融合。最后，输出分为两个流：前一个是效价水平，后一个是唤醒水平。ReLU 被用作激活函数。分类层使用 sigmoid 函数来获得类似概率的输出，并对模型进行收敛训练。

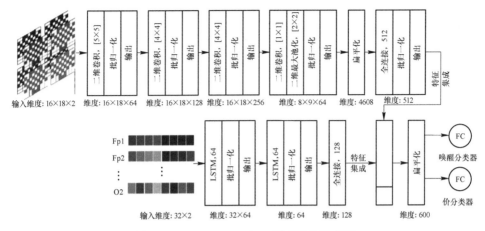

图 6.14　MT-2DCNN-LSTM 模型结构示意图

表 6.1　模型训练时各层结构的输出及其参数量

层（类型）	输出形状	参数	链接类型
input_1（InputLayer）	$[(None,16,18,2)]$	0	$[\,]$
input_2（InputLayer）	$[(None,32,8)]$	0	$[\,]$
Sequential（Sequential）	$(None,1,512)$	3039360	$['input\_1[0][0]']$
Sequential_1（Sequential）	$(None,128)$	60544	$['input\_2[0][0]']$
flat3（Flatten）	$(None,512)$	0	$['sequential[0][0]']$
flat4（Flatten）	$(None,128)$	0	$['sequential\_1[0][0]']$
Concat_Layer（Concatenate）	$(None,640)$	0	$['flat3[0][0]',$ $'flat4[0][0]']$
flat（Flatten）	$(None,640)$	0	$['Concat\_Layer[0][0]']$
out_v（Dense）	$(None,2)$	1282	$['flat[0][0]']$
out_a（Dense）	$(None,2)$	1282	$['flat[0][0]']$

6.2.5　实验设计和训练

为了增加实验数据量，本实验采用 DEAP 数据集中 32 个受试者每人观看的 40 个视频采集到的脑电信号数据作为实验数据，性能评估指标采用五重交叉验证来评估算法的脑电情感识别性能，其公式如下：

$$\text{Accuracy} = \frac{1}{5}\sum_{k=1}^{5}\frac{N_c^k}{N_t^k} \tag{6.18}$$

式中，N_c^k 为第 k 次交叉验证识别正确的数据样本量；N_t^k 为第 k 次交叉验证测试的数据样本量；Accuracy 为 k 次验证的平均识别正确率。

本实验每个样本数据由前文构建的三维特征矩阵和时序信号组成，样本数量为 $32×40×120 = 153600$。该样本表示 32 个受试者观看 40 个 1 min 的脑电情感诱发视频，每分钟的脑电信号由滑动窗口分割为 120 个特征序列信号。在交叉验证实验中 153600 个样本数据被平均分割成 5 份，将其划分为训练数据和测试数据，划分比为 4：1。将该操作重复 5 遍，使得所有样本都被划分为测试集数据。在每个分区中，122880 张 3D 特征矩阵图和二维时间序列数据被用作验证集，30720 个作为测试集。模型采用反向传播方法进行训练，交叉熵损失被用作损失函数。最后使用多元任务学习原则对模型进行训练。最终的损失函数是原始损失函数的加权和，用反向传播法来解决问题。损失函数的具体表达式如下：

$$L(\theta) = w_v L_v(\theta) + w_a L_a(\theta) \tag{6.19}$$

式中，L_v 和 L_a 分别为效价任务和唤醒任务的损失函数；w_v 和 w_a 为它们的加权系数；$\theta \in R^n$ 为训练模型参数。训练超参数如表 6.2 所示。

表 6.2   MT-2DCNN-LSTM 模型的超参数

参　数	数　值
学习率	0.001
plateau 学习率衰减	1/2
patience 学习率衰减	5 epochs
随机失活率	0.2
批大小	1024 samples
Valence 损失权重系数	1
Arousal 损失权重系数	1

在本实验中，如果神经网络在连续五次迭代过程中性能没有提高，学习率则根据 $l_r = l_r ×0.5$ 进行更新。在学习率更新的前提下，如果网络性能连续 16 次迭代没有提高，则停止训练，已达到节省实验时间的目的。

经过五重交叉验证训练之后，唤醒度和效价的情感识别平均准确率分别为 97.29% 和 97.72%，为了更好地观测和可视化训练过程，唤醒度和效价的训练和验证的 Loss 值曲线训练过程如图 6.15 所示，精确度训练过程如图 6.16 所示，两者在多任务学习机制下的 Loss 值如图 6.17 所示，由图可以看出，模型训练过程稳定，准确率随每个 epoch 逐步提升且 Loss 值逐步下降，说明模型泛化拟合能力强，整体的 Loss 值也随每个 epoch 逐步降低，说明多任务学习机制的有效性。

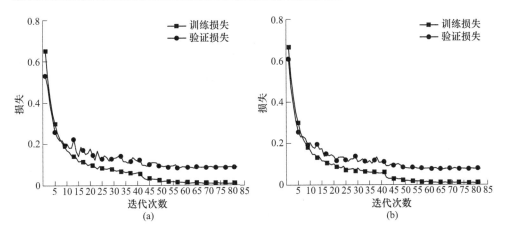

图 6.15 唤醒度和效价训练过程的 Loss 曲线图

（a）唤醒度训练和验证的 Loss 曲线；（b）效价训练和验证的 Loss 曲线

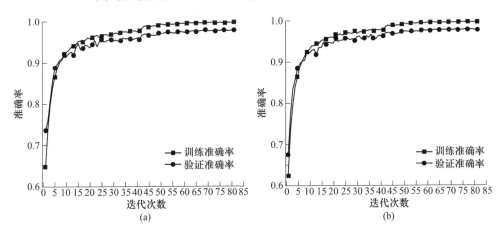

图 6.16 唤醒度和效价训练过程的准确率曲线图

（a）唤醒度训练和验证的准确率曲线；（b）效价训练和验证的准确率曲线

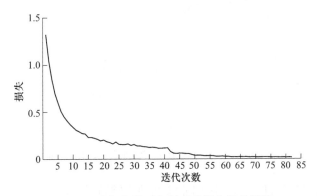

图 6.17 多任务学习机制下的损失值曲线图

6.2.6 实验结果与分析

本节在效价和唤醒度两个维度上，通过不同脑电信号特征、消融算法和其他相关研究方法三个角度进行实验分析，进一步更加全面地验证了本章提出的 MT-2DCNN-LSTM 算法的高效性。

6.2.6.1 不同特征实验的对比与分析

采用不同脑电信号特征组合对算法的识别性能会产生不同程度的影响，本节在使用 PSD 和 DE 两种特征组成的 3D 特征矩阵图和二维序列数据的同时，还将特征分开进行对比实验。

由实验结果（图 6.18，其中：U 前面的特征为 2DCNN 的输入，后面的则为 LSTM 的输入）可分析出：

（1）对于 2DCNN 网络来说（第三、第四、最后一组数据做对比）：使用 PSD 和 DE 叠加的实验准确率明显高于使用单一特征的准确率。这说明 PSD 和 DE 相互融合在空间上对脑电信号具有更强的表达能力。

（2）对于 LSTM 网络来说（最后三组数据做对比）：使用 PSD 和 DE 叠加的实验准确率较单一特征准确率提高不明显，只有 1.5% 左右，这说明 PSD 和 DE 相互融合在时间序列上对脑电信号的表达能力相较于空间来说更弱。

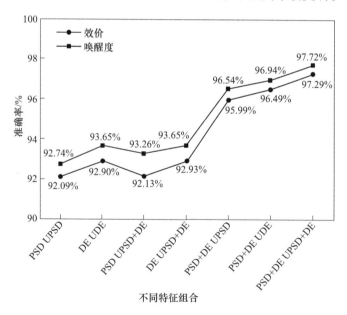

图 6.18　不同特征组合的实验结果的准确率

（3）无论是单独还是结合使用非线性动力学特征 DE，总是高于 PSD 特征的准确率，说明在本模型中非线性动力学特征更能有效地提取脑电信号信息；是否结合更多的非线性动力学特征，如样本熵、近似熵等，更有助于脑电信号的识别，值得研究。

（4）四个频带计算出的特征值在构建 2D 脑图结构时（16×18 大小的图），各特征值对应频带的排列位置也可能影响脑电信号频域和空间之间的关系，值得进一步研究。

6.2.6.2　不同算法实验的对比与分析

通过使用 2DCNN、MT-2DCNN、2DCNN-LSTM、MT-2DCNN-LSTM 算法进行对比实验，由图 6.19 所示的实验结果可知：

（1）以上算法的脑电情感识别性能都较高，说明前文三维特征矩阵和时序信号提取方法的有效性，同时也说明本书采用的 PSD 和 DE 特征是有效的。以上算法均采用了卷积神经网络对脑电信号的空域特征进行识别，说明充分结合脑电信号的空域特征能高效地提升算法情感分类的性能。

（2）由 2DCNN 算法和 MT-2DCNN 算法、2DCNN-LSTM 算法和 MT-2DCNN-LSTM 算法的实验分析对比可以得出，通过共享效价和唤醒度两个目标函数的参数，将两者的学习性能进行充分融合的多元任务学习机制有效地提升了算法的性能，进而提高了脑电情感识别的准确率。

（3）由 2DCNN 算法和 2DCNN-LSTM 算法、MT-2DCNN 算法和 MT-2DCNN-LSTM 算法的实验分析对比可以得出，在利用 LSTM 网络的基础上，结合脑电信号的时间序列信息可以有效地提高算法分类的性能。

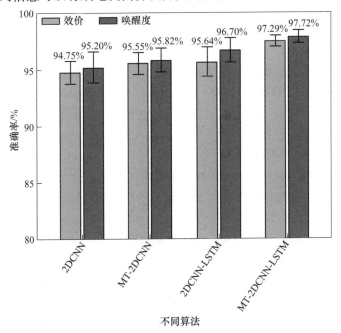

图 6.19　不同算法的实验结果的平均准确率

（4）由 MT-2DCNN-LSTM 算法与 2DCNN 算法、MT-2DCNN 算法的实验分析对比可以得出 MT-2DCNN-LSTM 算法对脑电情感识别的准确率最高。MT-2DCNN-LSTM 算法的准确率分别比 2DCNN 算法准确度提高了 2.46% 和 2.48%、比 MT-2DCNN 算法提高了 1.84% 和 1.80%。

6.2.6.3　其他相关研究方法的对比与分析

基于价效和唤醒度两个维度，其他研究者也在 DEAP 数据集上对脑电信号进行了情感分类实验，例如：S. Y. Chung 等通过改进贝叶斯算法，使用监督学习的方法对脑电信号进行情感识别[111]；邢晓芬等人提出了一种由情感时序和线性脑电图混合的模型识别框架，再利用堆栈自动编码器进行线性求解特征，最后利用 LSTM 网络对该特征进行情感分类。其中，分类准确率在唤醒度上达 73.84%，在效价上达 81.10%[112]；Elham Shawky 等人首先将脑电信号转化为在时间帧上的二维矩阵，其次在三维卷积网络上设计数据增强的方法，然后使用多通道脑电信号进行情感分类[113]；An 等人[114]提出了一种基于三维特征融合和卷积自编码器（Convolutional Auto-Encoder，CAE）的脑电图情绪识别算法，将脑电信号不同频带的差分熵特征进行融合，构建脑电信号的三维特征，输入到 CAE 中进行情绪识别；蔡冬丽等人[115]提出了一种三维卷积神经网络（3D-CNN）结合双向长短期记忆神经网络（BLSTM）的混合神经网络（3DCNN-BLSTM），在保留脑电空间信息的同时挖掘 EEG 时序相关信息；E. Rudakov 等人[116]通过提取功率谱密度和微分熵特征，构成脑图，输入到多任务卷积神经网络（MT-CNN）模型进行情感二分类。

以上研究方法中，Bayes 分类器的统计方法可能不适合脑电情感识别，但在监督学习的加持下，也能对脑电情感分类，但没有考虑到脑电信号重要的时域空特征信息，导致识别率不高；SAE+LSTM 中的堆栈自动编码器有效地提取了脑电信号的特征，而且充分考虑到了脑电信号的时域信息，但忽略了信号特征的空域信息，导致识别率不是很高；3D-CNN、CNN-CAE、MT-CNN，在较好的特征提取方法的基础上，通过分析脑电信号重要的空域特征，达到了比较高的识别率，但忽略了脑电信号的时域特性；3DCNN-BLSTM 同时考虑到了脑电信号的空域和时域特征，但在特征提取时对脑电信号的频域特征提取比较单一。

将 MT-2DCNN-LSTM 算法的识别结果与其他研究者采用的 Bayes classifier、SAE+LSTM、3D-CNN、CNN-CAE、3DCNN-BLSTM、MT-CNN 算法的识别结果进行对比实验。从表 6.3 的对比实验可以得出，MT-2DCNN-LSTM 算法有效地提高了脑电情感识别的准确率。其中，Bayes classifier 和 SAE+LSTM 算法在两个维度上的脑电情感识别准确率不是很高，使用 3D-CNN、CNN-CAE 和 MT-CNN 算法在两个维度上获得了较高的分类性能，这说明了利用 CNN 及其衍生算法提取脑电信号的空间特性具有良好的情感分类性能，这可能表明脑电信号的空间特性占据了比较大的信号特征比例，值得深入研究。MT-2DCNN-LSTM 算法将多元学习任务机制和 2DCNN-LSTM 算法结合，而且充分提取了脑电信号的特征信息，并且与该特征相互匹配，所以脑电情感识别准确率最高。

表 6.3 不同研究方法的结果对比

方　法	效价/%	唤醒度/%	来源
Bayes classifier	66.40	66.60	文献［54］
SAE+LSTM	74.38	81.10	文献［18］
3D-CNN	87.44	88.49	文献［17］
CNN-CAE	89.49	90.76	文献［55］
3DCNN-BLSTM	93.21	93.56	文献［56］
MT-CNN	96.28	96.62	文献［57］
MT-2DCNN-LSTM	97.29	97.72	本书

6.2.6.4　结论

基于本书提取的功率谱密度和微分熵脑电信号特征，并在时空域特征的基础上，组成了三维特征矩阵和时序信息，提出了与该信息匹配的 MT-2DCNN-LSTM 多元联合神经网络。在该神经网络中，充分利用了卷积神经网络对多维数据空间表达能力强和 LSTM 网络对时序信号泛化能力强的特性。由于需要在效价和唤醒度两个维度上进行识别，所以最后使用多任务学习机制对特征进行融合，通过共享参数提升模型的泛化能力和计算速度。通过不同特征对比实验说明了本书特征提取的有效性，也体现了脑电信号的空域信息在脑电信号的特性占比较大；通过不同模型的实验对比以及与其他研究方法的实验对比，说明了三维特征矩阵脑电信号特征和时序信息与 MT-2DCNN-LSTM 神经网络模型结合对脑电信号识别的准确率有较高的提升。

6.3　虚拟现实场景评价系统

6.3.1　系统框架设计

前文在充分结合脑电信号时频空特征信息的基础上，提出了高效的脑电信号预处理和特征提取方法，并使用 MT-2DCNN-LSTM 算法模型对提取的特征信息进行识别，在实验中取得了较好的识别效果。因此，本章构建并提出了能够让用户在虚拟现实场景下进行情感评价的脑电信号情感识别系统。本系统主要由四个功能模块组成，分别是用户在 VR 场景下的脑电信号采集或选择已有脑电信号模块、脑电信号预处理和特征提取模块、模型预训练模块和 VR 场景的情感评价分析模块, 虚拟现实场景评价系统具体功能实现流程如图 6.20 所示。其中, 第一个功能模块是用户在 VR 场景下的脑电信号采集, 让实验参与者带上 VR 设备沉浸式体验 VR 场景, 参与者在沉浸式环境下被诱发产生不同情感的脑电信号, 然后使用多通道设备脑电设备采集脑电信号, 若没有脑电信号采集设备, 则选择已有的脑电信号; 第二个功能模块是对脑电信号进行预处理和特征提取操作, 使用 0.5 s 的滑动窗口器对脑电信号进行分割, 均衡基线之后计算各通道的频域信息构建三维特征矩阵; 第三个功能模块是对神经网络进行预训练, 在现有的脑电信号数据库的基础上, 对神经网络进行训练, 然后对训练好的模型进行封装; 第四个功能模块是利用封装好的模型对特征提取后的脑电数据进行情感分析, 然后在 VA 情理论模型的基础上归纳用户对 VR 场景的情感评价, 最后对用户的情感评价进行反馈。

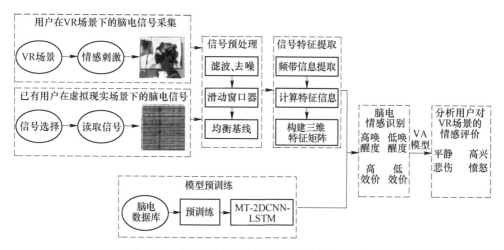

图 6.20　虚拟现实场景评价系统整体框架设计图

6.3.2　虚拟现实场景评价系统界面设计和各模块简介

在系统整体框架和功能需求确定完之后, 随后就开始根据需求制作系统流程图, 以至于尽可能保证系统在使用时的完整性和方便性。一般来说, 先初始化系统交互界面; 系统启动后根据功能需求检测用户是否需要观看 VR 场景来刺激用户获取脑电信号, 如果已有脑电信号数据则不需要观看; 获取到脑电信号后, 因为本系统需要通过接收用户指令来进行之后的操作, 所以需要设计等待用户操作指令。在本系统中, 界面交互初始化之后, 需要实现四个子功能, 分别是判断是否已有脑电信号、获取脑电信号、用户情感状态识别、退出系统, 具体流程图如图 6.21 所示。

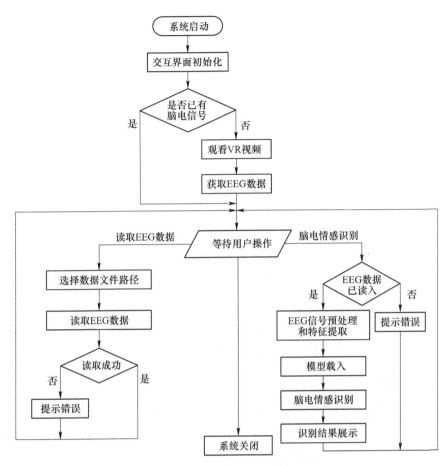

图 6.21 虚拟现实场景评价系统流程图

虚拟现实场景评价系统主要在情感分析基础上实现用户交互界面设计。该系统根据 Pycharm 编程框架，采用 PySide6 图像用户界面开源框架中的 Qt. Gui、Qt. Widgets 以及 Qt. Core 等模块。其中，在 Qt. Widgets 模块操控 UI 控件和组件，QtCore 模块提供基础的非图像功能的基础上，利用 Qt. Gui 模块实现图像显示和用户交互功能。使用信号与槽完成模块对象之间解耦和灵活的通信与交互。

按照四个模块的功能需求分析，虚拟现实场景评价系统的主要界面如图 6.22 所示。系统被打开之后，界面中心是脑电信号以及虚拟现实场景可视化展示。"是否已有脑电信号"功能表示反馈是否处理已有的脑电信号或者通过观看虚拟现实视频采集脑电信号，如果选择已有脑电信号，则对本地资源的脑电信号进行选择；如果选择没有，则通过观看虚拟现实场景采集脑电信号。"数据预处理"功能实现了时频三维特征矩阵和时序脑电信号特征提取。对于模型选择模块，则会通过本地文件夹显示封装好的模型让用户选择，接下来就是脑电情感识别功能模块，算法会根据脑电信号处理之后的特征进行脑电情感识别，识别的结果是在效价和唤醒度这两个维度上获得两个离散的坐标值。然后在 VA 二维情感坐标模型的基础上，对两个离散坐标值进行情感预测，最后将识别的结果进行可视化展示。

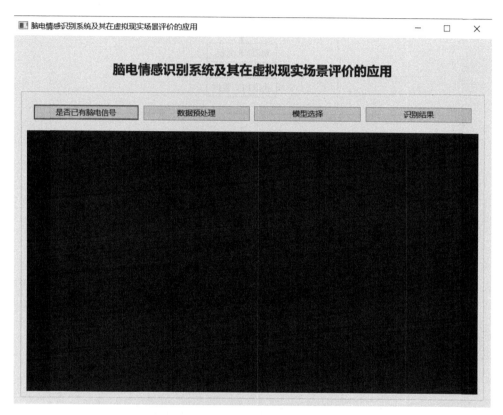

图 6.22　虚拟现实场景评价系统主界面

6.3.3　虚拟现实场景评价系统测试

为了保证系统能够按照设计框架的运行和实现预期的功能模块，本节对系统进行了四个功能模块的测试，通过系统测试可以找出系统存在的问题，提高系统的质量和稳定性。本书在实用性的基础上，同时站在用户的使用体验上，对虚拟现实场景评价系统的 VR 场景下的脑电信号采集或选择已有脑电信号模块、脑电信号预处理和特征提取模块、模型预训练模块和脑电情感识别以及用户对 VR 场景情感评价分析四个模块，按照对应的指令进行输入，如果各模块输出能达到预期要求，则说明系统能够正常运行。

6.3.3.1 脑电信号来源及显示测试

选择虚拟现实场景评价系统的"是否已有脑电信号"功能模块，该模块会显示选择已有脑电信号或者观看虚拟现实场景采集脑电信号的对话框，此时如图 6.23 所示，反馈是否已有脑电信号，如果已采集了脑电信号，则选择"是"，如果没有脑电信号，则选择"否"，表示需要观看虚拟现实视频采集脑电信号。

图 6.23 脑电信号来源选择测试图

选择虚拟现实场景视频测试如图 6.24 所示，选择完虚拟现实场景视频后，需要对视频进行显示测试，测试界面如图 6.25 所示。

目前脑电信号从数据采集、信号降噪等预处理到封装使用已有较为成熟的技术。所以，如果有脑电信号采集设备，则可以通过在虚拟现实场景下采集脑电信号并用本书系统对脑电信号进行情感识别。观看虚拟现实视频需要佩戴虚拟现实头盔等设备，同时佩戴脑电信号采集设备进行采集，由于没有脑电信号采集设备，所以选择已有的脑电信号进行情感识别。

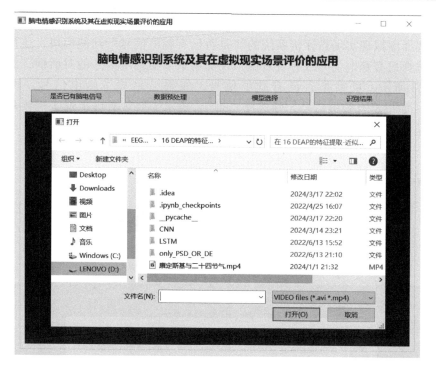

图 6.24　虚拟现实沉浸式场景选择测试图

图 6.25　虚拟现实沉浸式场景显示测试图

"是否已有脑电信号"如果选择"是",则通过本地文件选取脑电信号进行情感识别,信号选择界面如图 6.26 所示,点击要识别的脑电信号数据,则会在系统显示脑电信号数据,脑电信号显示如图 6.27 所示。

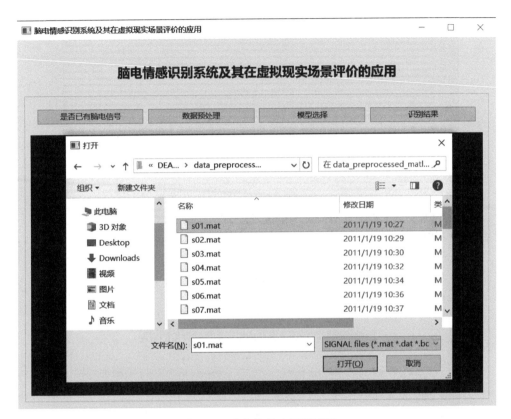

图 6.26 脑电信号选择测试图

6.3.3.2 数据预处理和特征提取测试

选择虚拟现实场景评价系统的"数据预处理"功能模块,该模块会将脑电信号的时频三维特征矩阵和时序脑电信号特征进行提取。如图 6.28 所示,特征提取成功之后会反馈数据预处理已成功的窗口提示。

6.3.3.3 模型选择测试

脑电信号预处理和特征提取之后,然后就是通过选择模型对信号特征进行脑电情感识别,选择模型选择功能模块,则会通过本地文件夹显示封装好的模型,然后可以点击需要选择的模型,点击模型后,系统会反馈模型选择成功界面,模型选择界面如图 6.29 所示。

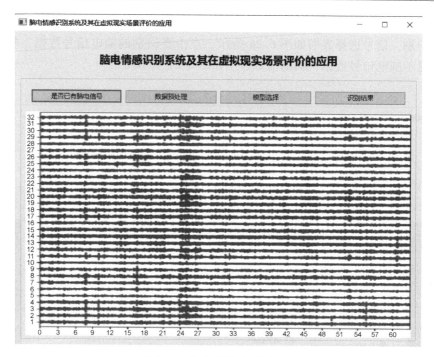

图 6.27   脑电信号显示测试图

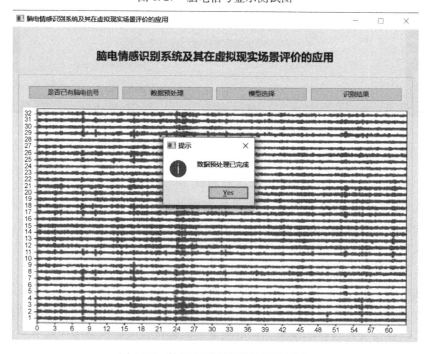

图 6.28   数据预处理和特征提取测试

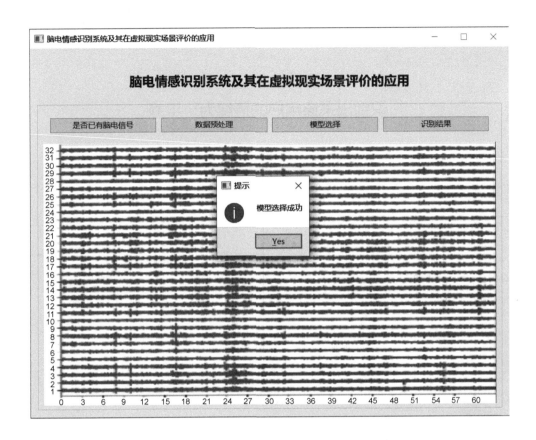

图 6.29 模型选择界面图

6.3.3.4 情感分析测试

模型选择成功后，接下来就是脑电情感识别。选择"识别结果"功能模块，算法则会根据脑电信号处理之后的特征进行脑电情感识别，识别的结果是在效价和唤醒度这两个维度上两个离散的坐标值。然后在 VA 二维情感坐标模型的基础上，对两个离散坐标值进行情感预测，最后将识别的结果进行可视化展示，用户能够直观地了解自己在虚拟现实场景下产生的情感评价，展示效果如图 6.30 所示。在 VA 二维情感坐标模型中显示的红色点表示模型预测的效价和唤醒度两个维度的离散值，随后系统根据红色点的区域对用户的情感状态分析。

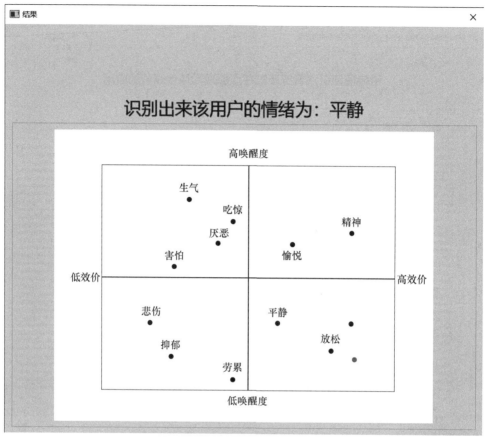

图 6.30 情感分析测试结果如图

扫码看彩图

7 基于 NeRF 技术的特殊场景三维重建

7.1 NeRF 重建技术原理

7.1.1 神经辐射场场景表示原理及过程

NeRF 作为一种三维重建技术，与以往的三维重建技术有所不同。简单来说，过往的三维重建技术主要是通过图片重建出一个网格、点云或者体素的模型，而NeRF 是通过神经隐式的方式去建立一个三维模型。NeRF 场景的隐式表示具体可以总结为使用一个 NeRF 神经网络，采取体渲染方式，通过对包含位姿信息的图片进行训练，得到一个能够根据输入的五维向量（空间位置和视角方向）预测每个点的体密度和辐射度（颜色）的函数。输入其他位姿信息可以预测出未采样过的视点图片，而此时三维模型的信息就储存在了 NeRF 的网络中。因此这种表示方式被称为"隐式"，而相对应的，点云、体素以及网格这些表示方式是显式的。

如图 7.1 所示，首先将场景表面纹理信息用一个 5D 函数 (x, y, z, θ, ϕ) 表示，其中 (x, y, z) 是采样点的 3D 位置坐标，(θ, ϕ) 是采样点的视角方向，输出为颜色信息 (R, G, B) 和在 x 点处的体密度 σ。$\sigma(x)$ 被定义为一条射线经过 x 处的一个无穷小的粒子时被阻止的概率，因此也可以被称为不透明度。因此整个表示过程可以被记作：

$$F_\Theta : (x, y, z, \theta, \phi) \rightarrow (R, G, B, \sigma) \tag{7.1}$$

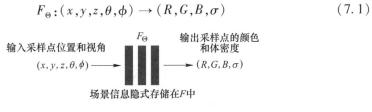

图 7.1 场景的隐式表示

其次，利用体渲染（Volume Rendering）方法，对整个场景进行体积渲染，NeRF 模型能够模拟光线通过场景时的散射和吸收过程。这涉及对光路上的多个点进行采样，根据它们的体密度和颜色信息计算最终的像素颜色。这一过程考虑了光线与物体的复杂相互作用，包括遮挡、散射和反射。这一过程可以将从人工神经网络模型（Multilayer Perceptron，MLP）中得到的颜色信息和体密度合成到图像中。

最后，由于 NeRF 模型的训练涉及最小化重建图像与实际图像之间的差异，这一差异用 Loss 函数来进行量化。通过调整 MLP 网络的参数，模型能够逐渐学习到能够准确预测场景密度和颜色的函数，达到优化 MLP 网络参数的目的，最终得到隐式场景表示。

7.1.2　基于辐射场的体渲染方法

体渲染（Volume Rendering）的目的主要是为了解决云、烟、果冻这类非刚性物体的渲染建模，可以简单理解为是为了处理密度较小的非固体的渲染技术。为了建模这种非刚性物体的渲染，可以把物体看作一团可以自发光的粒子群，光线穿过物体就是光子在跟粒子发生碰撞的过程。而这些粒子具有颜色信息（R，G，B）和体密度 σ 两个属性。利用现有的图像对体空间内粒子的体密度和颜色进行预测，然后保存这些信息。在渲染其他视角时，使用这些信息（粒子的体密度，颜色）进行推理，就能得到新视角下该场景的照片。

体渲染把光线与粒子发生作用的过程进一步细化为四种基本类型：吸收（Absorption）、放射（Emission）、外散射（Out-scattering）和内散射（In-scattering）。这些作用类型共同决定了光线穿过介质时的行为和最终视觉效果。

（1）吸收：吸收是指光子在穿过介质时被粒子捕获，导致光子能量转化为其他形式，从而减少通过介质的光线强度。吸收过程决定了物体的颜色和透明度。比如一个物体看起来是红色的，是因为它吸收了除红光以外的其他颜色的光线。

（2）放射：放射是指介质或物体自身生成并发射光子的过程。这可以是由于化学反应、物理变化或外部激励（如照射）引起的能量状态变化。例如，太阳和其他恒星通过核聚变过程发射光子。放射过程使物体能够在没有外部光源的情况下可见。

（3）外散射：外散射是指光子在通过介质时与粒子相互作用并被散射到介质外的过程。这导致光线从其原始路径偏离，可能会离开观察者的视线，减少到达观察者眼睛的光线数量。例如，雾或烟等能够使环境变得模糊或降低可见度的现象就是外散射引起的。

（4）内散射：内散射指光子在介质中被粒子散射，但仍然留在介质内，可能沿新的路径继续传播的过程。这种散射的光子可以增加到达观察者眼睛的光线总量，尤其是在介质被较多的光子源环绕时。如阳光通过云层的丁达尔效应或水下光线效果就是因为内散射。

光线穿过非刚性物体的出射光与入射光之间的变化量可以表示为这四个过程

的叠加，表达式可以写作：

$$L_0 - L_i = \mathrm{d}L(x,\omega) = \text{emission} + \text{inscattering} - \text{outscattering} - \text{absorption}$$

(7.2)

如今体渲染也被进一步推广到固体的渲染，NeRF 技术就是其中一个方面。其思路与传统的体渲染方法是一样的，由于在 NeRF 中不考虑内散射和外散射的情况，所以还进行了简化。首先需要定义相机相对于几何体的空间位置，还需要定义每个点即体素的不透明性以及颜色。参考文献 [117]，如图 7.2 所示，定义一条光线为 $\gamma(t) = o + td$，其中 o 是光源位置，d 是表示光线方向的单位向量。对于光线上的任一位置可以用 $o + td$ 表示。将 $T(a \to b)$ 定义为射线沿着射线从 a 传播到 b 且没有撞击粒子的概率，则有：

$$T(a \to b) = \frac{T(b)}{T(a)} = \exp\left(-\int_a^b \sigma(t)\,\mathrm{d}t\right)$$

(7.3)

式中，$T(a)$ 和 $T(b)$ 分别为光线从起点传播到 a 位置和 b 位置而不撞击任何粒子的概率；$\sigma(t)$ 为粒子密度，也表示光线在 t 位置上运动无穷小距离时撞击到粒子的可能性。

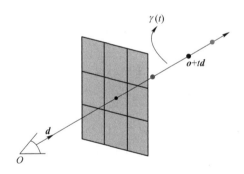

图 7.2 体渲染参数定义示意图

于是可以得到光线从 $t = 0$ 传播到 D 时粒子发出的光的预期值，并将其与背景颜色 c_{bg} 合成，得到 NeRF 中的体渲染方程如下：

$$C = \int_0^D T(t) \cdot \sigma(t) \cdot c(t)\,\mathrm{d}t + T(D) \cdot c_{\mathrm{bg}}$$

(7.4)

式中，$c(t)$ 为 t 位置处粒子的颜色；$T(t) \cdot \sigma(t)$ 为光线精确停止在 t 位置的概率。但是这个公式在计算机中是无法计算的，需要对其进行离散化，将整个光路划分为 n 个等间距的区间，只要能算出每个区间内的颜色值，最后把 n 个区间的颜色加起来，就可以得到最终的颜色信息。

对于透射率 T，可以拆分为两段的乘积。

$$T(a \to c) = \exp\left\{-\left[\int_a^b \sigma(t)\,\mathrm{d}t + \int_b^c \sigma(t)\,\mathrm{d}t\right]\right\}$$

$$= T(a \to b) \cdot T(b \to c) \tag{7.5}$$

从透射率 T 的公式也可以得出，射线没有击中 $[a, b]$ 或 $[b, c]$ 内的任何粒子，所以也没有击中 $[a, c]$ 内任何粒子，于是射线在 $[a, c]$ 部分的透射率等于 $[a, b]$ 和 $[b, c]$ 部分透射率的乘积。接着对透射率进行分段计算，达到对其离散化的目的。

给定一组区间 $\{[t_n, t_{n+1}]\}_{n=1}^N$，在第 n 段内密度为 σ_n，且 $t_1 = 0$，$\delta_n = t_{n+1} - t_n$，则第 n 段透射率表达为：

$$T_n = T(t_n) = T(0 \to t_n) = \exp\left(-\int_0^{t_n} \sigma(t)\,dt\right) = \exp\left(\sum_{k=1}^{n-1} -\sigma_k \delta_k\right) \tag{7.6}$$

综上所述，可以计算一个假设颜色和密度分布均匀并且不变的介质的体渲染积分：

$$C(a \to b) = \int_a^b T(a \to t) \cdot \sigma(t) \cdot c(t)\,dt$$
$$= c_a \cdot (1 - \exp[-\sigma_a(b - a)]) \tag{7.7}$$

结合前面的推导，将每个区间得到的颜色值进行累和，得到离散化后的体渲染表达式：

$$C(t_{N+1}) = \sum_{n=1}^N \int_{t_n}^{t_{n+1}} T(t) \cdot \sigma_n \cdot c_n\,dt$$
$$= \sum_{n=1}^N T(0 \to t_n) \cdot (1 - \exp[-\sigma_n(t_{n+1} - t_n)]) \cdot c_n \tag{7.8}$$

再根据前面相邻采样点的距离 $\delta_n = t_{n+1} - t_n$，得到了最终的 NeRF 中的体渲染公式（7.9）。

$$C(t_{N+1}) = \sum_{n=1}^N \exp\left(\sum_{k=1}^{n-1} -\sigma_k \delta_k\right) \cdot [1 - \exp(-\sigma_n \delta_n)] \cdot c_n \tag{7.9}$$

7.1.3　神经辐射场的优化

基于以上的 NeRF 原理，NeRF 函数在训练过程中也采用了几个重要的方式来提高训练质量。首先是位置信息编码，用位置信息编码的方式将位置信息映射到高频能够有效提升重建的清晰度，可以理解为采用位置信息编码能够使网络更容易理解和建模位置信息。其次是多层级体素采样，由于 NeRF 的渲染过程计算量很大，每条射线上都要采样很多点，但实际上一条射线上的很多部分区域可能是被遮挡的区域或空区域，对最终的颜色信息获取几乎没有影响。于是 NeRF 中采用了一种"Coarse to Fine"的形式，用 Coarse 网络来生成概率密度函数，再基于概率密度函数采样更精细的点，这对于提高采样以及重建效率都具有一定优势。

7.2 面向 NeRF 技术的大规模场景数据集

LLFF（Local Light Field Fusion） 格式是 NeRF 网络模型训练使用的数据集格式之一，是一种相机数组解析数据集。LLFF 格式数据集在三维重建、虚拟现实、增强现实和计算机视觉等领域有着广泛的应用。特别是在三维重建领域，LLFF 格式数据集能够简洁有效地存储对应图片参数、相机位姿和相机参数，方便 python 读取。此外，NeRF（Neural Radiance Fields） 模型源码拥有直接对 LLFF 格式数据集进行训练的配置和模块，使得研究者能够方便地使用这种数据集进行模型训练。为了制作 LLFF 格式数据集，通常需要使用如 COLMAP 这样的结构光三维重建工具，从多个视角的 2D 图像中恢复出场景的三维结构，并将这些数据转换为 LLFF 格式。LLFF 格式数据集的制作流程包括采集图像、使用 COLMAP 获取相机位姿、将位姿转化为 LLFF 格式，并将所需文件上传至对应的文件夹并设置配置文件。因此，本节基于 COLMAP 软件获取相机位姿，将无人机采样获取的普通二维图像制作成 LLFF 格式数据集。

7.2.1 采集图像

2020 年，Mildenhall 等人在文献 [118] 中提出 NeRF 重构技术，凭借 NeRF 的高质量重构效果引发了广泛关注和研究，随后的许多研究对 NeRF 技术进行了改进，并拓宽了 NeRF 的应用场景。但大部分研究还是针对小规模场景的重建。例如，在现有的 NeRF 开源数据集中，图 7.3 所示为其中两个使用无人机采样到的场景，与本书研究的大规模航拍场景在规模上仍有一定的差距。

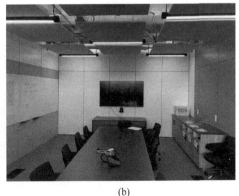

(a)　　　　　　　　　　　　　　　(b)

图 7.3　NeRF 开源数据集中无人机拍摄的两个场景

（a）霸王龙；（b）房间

2023 年文献［119］中首次提出了城市级 NeRF 实景三维大模型，针对大规模城市场景有着高质量的重建效果，然而对于大规模场景经常存在的采样数据冗余问题和场景中存在的遮挡现象，他们没有做针对性的优化。基于此技术与第 3 章中的研究具有类似的应用场景，本章选取多种包含复杂场景表面信息的无人机场景，结合空中光场遮挡信号采样模型，研究 NeRF 技术在大规模场景重构领域的先进性。本章选取了三段无人机航拍视频，结合帧间估计原理以及空中光场采样方法，对其进行抽帧采样，获得采样的图像。

图 7.4（a）选取具有复杂细节纹理的航拍沙漠场景，场景中不同深度物体的表面纹理和颜色相似，并且存在石山之间的遮挡现象，具有一定的复杂性。图 7.4（b）选取范围更大的航拍建筑场景，场景中不仅存在多面玻璃外墙的反射特征，也存在建筑周围树木的小范围遮挡现象，是传统视点重建中的一大难点。图 7.4（c）选取建筑和背景环境纹理都非常复杂的场景，并且塔楼与附近的低矮建筑物存在一定的相互遮挡。这三个场景都是具有代表性的大规模现实场景，具有重构实验的意义。

(a)

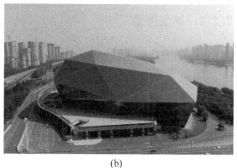
(b)

(c)

图 7.4　不同场景的航拍图

（a）沙漠；（b）建筑；（c）塔楼

7.2.2 位姿计算

COLMAP 是多视角三维重建领域中被广泛使用的一种实用工具。如图 7.5 所示，当针对一个场景采集多个视角的图像时，通过 COLMAP 可以实现以下两个目标：

（1）通过特征提取与匹配算法，精确地在不同视角图像中识别相同的特征点，基于这些特征点计算出每个视角下采样设备的焦距、坐标等内参，同时计算出采样设备的位姿信息，即采样设备在全局坐标系中的确切位置和朝向等。

（2）通过获得的采样设备内参和位姿信息对场景进行初步的稀疏重建，从而实现场景的三维结构可视化，并且可以直观展示场景的大致形态。

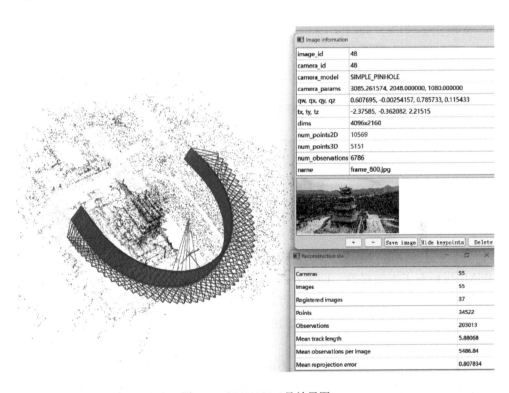

图 7.5　COLMAP 工具效果图

将计算得到的采样设备位姿信息和稀疏点云导出并保存，按照 LLFF 数据格式的要求对图像和位姿数据进行整理和转化，就得到了符合 NeRF 重建要求的 LLFF 格式数据集。

7.3　阴影场景实验结果和分析

为了验证 NeRF 在阴影场景下，自由视点合成领域的卓越性能，选用基于图像绘制的光场重建（Light Field Reconstruction Based on Image Rendering，LRIR）方法[120]作为参照进行对比分析。表 7.1 和表 7.2 中详细列出了 NeRF 与 LRIR 在公有数据集 LLFF[121] 和真实世界数据集上关于 PSNR 和 SSIM 指标的定量比较结果。

表 7.1　本书的方法和 LRIR 在 LLFF 格式数据集上重建的 PSNR 定量比较

（dB）

方　法	Fern	Build	Tower	Leave
本书的方法	29.224	34.390	34.114	23.914
LRIR	21.628	21.180	22.992	20.581

表 7.2　本书的方法和 LRIR 在 LLFF 格式数据集上重建的 SSIM 定量比较

（无量纲）

方　法	Fern	Build	Tower	Leave
本书的方法	0.917	0.964	0.970	0.862
LRIR	0.809	0.695	0.765	0.747

通过数据对比，不难发现，NeRF 在目标质量上展现出显著优势，其平均 PSNR 指标有了大幅提升，同时在所有测试 LLFF 格式数据集的平均 SSIM 上也取得了一致性的优越表现。这主要归功于 NeRF 在训练过程中将五维坐标和相位参数精准映射为体素密度和像素颜色，从而大幅提升了网络在后续渲染中的质量。

图 7.6 为四个真实世界场景在不同视角下的重建效果对比，所有场景图像纹理丰富，拍摄角度多样。从细节特写中，可以看到 NeRF 在合成新视点方面的明显优势。相较于 LRIR 方法，NeRF 不仅重建感知质量更高，而且在处理复杂细节和恢复纹理方面也表现出色。此外，LRIR 方法在某些视角下易产生模糊和重影伪影，而 NeRF 则能够有效避免这一问题，呈现出更为清晰、逼真的视觉效果。可见，NeRF 在自由视点合成方面展现出显著的专业优势，为该领域带来了新的突破和进步。

图 7.6 NeRF 与 LRIR 合成结果对比

7.4　基于 NeRF 的大规模场景重建实验

为了评估 NeRF 模型对于大规模复杂场景重建的性能，将其与第 4 章中提出的空中光场遮挡信号模型进行对比。两个模型使用相同的输入数据集可以保证对比实验的有效性，不同的是空中光场遮挡信号模型不需要基于场景数据集进行单独训练就可以实现虚拟视点图像的实时绘制。对沙漠、建筑和塔楼分别取 31 张、56 张和 55 张图像作为原数据集，而 NeRF 需要针对每个场景训练单独的网络，训练集图片数量为原数据集的 1/7，图像分辨率为 960×540。

如图 7.7 所示，比较了三个不同现实场景的测试集视图。相较于空中光场遮挡信号模型，NeRF 在绘制视图时展现出了更高的几何形状精度。通过观察重构视图的细节放大图，可以清晰地看到，空中光场遮挡信号模型重构出的视图在一定程度上存在重影和模糊现象。尽管它避免了场景的严重畸变，但在重构过程中丢失了许多关键的表面纹理细节。然而，NeRF 在视点重构质量方面展现出了显著的优势。它能够保留大部分场景细节，仅出现轻微的重影和模糊，并且完全避免了畸变现象。为了更加直观地展示这种差异，特意选取了建筑外墙的反光面、沙漠石块与背景纹理区分度低、塔楼纹理细节复杂等部分进行放大展示。这些实例充分证明了 NeRF 在应对各种复杂场景时的性能稳定性。

为了客观展示 NeRF 视点重建的质量，表 7.3 和表 7.4 分别为空中光场遮挡信号模型和 NeRF 模型下三组场景绘制效果的 PSNR 平均值和 SSIM 平均值。从表中可以得出，NeRF 在场景新视图绘制质量方面具有显著优势。其中，对于塔楼场景，由于塔楼建筑本身纹理细节丰富、塔楼周围的树木和远处楼房都具有非常复杂的纹理，这些因素导致了 NeRF 模型和空中光场遮挡信号模型的视点重构质量都有大幅下降。而对于建筑场景，建筑外墙的反光也一定程度上影响了重构质量。沙漠场景的采样范围相对较小，表面纹理信息更少，也不存在反射等复杂特征，是三组中重构效果最好的场景。因此从总体上看，尽管不同场景表面特征对重构造成了不同程度的影响，但 NeRF 对于不同场景的重构质量仍然是更高的。

NeRF 不仅在视点重构方面具有优越性，其更大的优势在于能够实现真正意义的三维重建效果。如图 7.8（a）所示，左边一列的三张图是通过 NeRF 技术重建出每个场景的三维模型界面，可以自主调节不同视角来观察采样到的场景。本实验做的是稀疏采样，对于一个大规模场景的采样而言不是完整且细致的，因此三维重建效果在某些角度和范围内不够精准，但基于这些有限的采样信息所绘制的三维效果已经具有一定的优越性。

图 7.7 现实场景的测试集视图比较

表 7.3 不同方法下三组场景绘制效果的 PSNR 实验数据平均值 （dB）

方 法	建筑	沙漠	塔楼
空中光场遮挡信号模型	28.211	33.394	24.647
NeRF	32.936	38.780	27.800

表 7.4　不同方法下三组场景绘制效果的 SSIM 实验数据平均值

（无量纲）

方　法	建筑	沙漠	塔楼
空中光场遮挡信号模型	0.872	0.917	0.848
NeRF	0.957	0.973	0.929

(a)　　　　　　　　　　　　　　　　(b)

图 7.8　不同场景的三维重建图和深度图

（a）三维重建图；（b）深度图

　　NeRF 技术还可以进行初步的深度估计。深度估计也是计算机视觉中的一项核心技术，旨在从二维图像中推断出场景中每个点的距离信息，即深度。这一过程涉及将图像信息转换为场景的三维结构信息。深度估计技术大体可以分为两类——基于几何的方法和基于学习的方法。

（1）基于几何的方法：这些方法主要依赖于图像之间的几何关系来估计深度。最典型的例子是立体匹配和结构光。立体匹配利用两个或多个从不同视角拍摄的图像，通过找到图像间的对应点（特征匹配）来计算深度。结构光方法通过投射已知的光模式到场景并捕捉其反射图像，利用光模式的变形来估计物体的形状和位置。

（2）基于学习的方法：这些方法使用深度神经网络，从大量的数据中学习深度信息。它们可以直接从单幅图像（单目深度估计）或多幅图像（多目深度估计）中预测场景深度，不一定依赖于传统的几何关系。通过训练，网络能够识别和解释场景中的深度线索，如物体大小、透视、纹理渐变等。

深度估计技术的发展对于许多应用领域都具有重要的意义和价值。NeRF 在处理深度估计时，采用了体积渲染技术，这种技术不是直接估计每个点的深度，而是通过模拟光线（射线）穿过三维场景时与场景交互的过程来间接估计深度。在 NeRF 模型中，光线上的每个采样点都有一个对应的体密度和颜色，NeRF 模型使用一组神经网络来预测每个采样点的颜色和体密度。对于沿着特定方向进入场景的每条光线，NeRF 在光线路径上均匀采样一系列点，并为每个点评估其体密度和颜色。这些采样点的体密度用于模拟光线与物质的相互作用，包括吸收和散射效应。深度估计是通过权重累积来间接实现的。对于每个采样点，根据其体密度和到相机的距离，计算出一个权重，这个权重反映了该点对最终观察到的颜色的贡献度。尽管 NeRF 本身不直接输出深度图，但可以通过分析光线上采样点的权重分布来估计深度信息。具体来说，一个光线上最大权重的采样点的位置通常可以视为这条光线实际上与场景的交点，即这个位置的深度值。因此，通过分析所有光线的权重分布，可以间接获得场景的深度信息。

因此，可以绘制出每个场景的三维深度图，深度图通过颜色区分场景中的物体离采样设备的距离，直观地展示不同视角下场景上某一位置距采样设备的深度。图 7.8（b）为三个实验场景某一视角下的深度图，其中深红色表示距离采样点深度最小，深蓝色表示距离采样点深度最大。由于采样过程中视角变化时，天空的形态和颜色不会有明显的变化，因此在深度估计时对于天空部分的估计存在误差，但对于场景中的主要场景结构和其他环境特征，深度图基本能够实现场景深度的还原。

参 考 文 献

［1］ Minde P R, Shelake A G, Patil D. Intelligent systems in construction：applications, opportunities and challenges in AR and VR ［J］. Automation in Construction Toward Resilience, 2024, 27 (46)：503-522.

［2］ 周天，鲁东明，潘云鹤. 基于图像的绘制技术研究与发展 ［J］. 计算机科学, 2001 (5)：1-5.

［3］ 祝常健. 融合几何信息的全光函数采样方法研究 ［D］. 武汉：华中科技大学, 2017.

［4］ Adelson E H, Bergen J R. The plenoptic function and the elements of early vision ［C］// Proc. Computational Models of Visual Processing. Cambridge, MA, USA：MIT Press, 1991：3-20.

［5］ Shi J, Jiang X, Guillemot C. Learning fused pixel and feature-based view reconstructions for light fields ［C］//Proceedings of the IEEE/CVF Conference on Computer Vision and Pattern Recognition. 2020：2555-2564.

［6］ Gilliam C, Dragotti P L, Brookes M. On the spectrum of the plenoptic function ［J］. IEEE Transactions on Image Processing, 2013, 23 (2)：502-516.

［7］ Kurmi I, Venkatesh K S. Acquisition of aerial light fields ［C］//VISAPP (1). 2015：272-277.

［8］ Wu G, Liu Y, Fang L, et al. Light field reconstruction using convolutional network on EPI and extended applications ［J］. IEEE Transactions on Pattern Analysis and Machine Intelligence, 2018, 41 (7)：1681-1694.

［9］ Meng N, So H K H, Sun X, et al. High-dimensional dense residual convolutional neural network for light field reconstruction ［J］. IEEE Transactions on Pattern Analysis and Machine Intelligence, 2019, 43 (3)：873-886.

［10］ Jin J, Hou J, Chen J, et al. Deep coarse-to-fine dense light field reconstruction with flexible sampling and geometry-aware fusion ［J］. IEEE Transactions on Pattern Analysis and Machine Intelligence, 2020, 44 (4)：1819-1836.

［11］ Bastug E, Bennis M, Medard M, et al. Toward interconnected virtual reality：opportunities, challenges, and enablers ［J］. IEEE Communications Magazine, 2017, 55 (6)：110-117.

［12］ 沈俊乾. 5G 网络下 VR 视频的传输措施 ［J］. 通讯世界, 2022, 29 (1)：34-36.

［13］ Wei X, Yang C Y, Han S Q. Prediction, communication, and computing duration optimization for VR video streaming ［J］. IEEE Transactions on Communications, 2021, 69 (3)：1947-1959.

［14］ Ali M, Machot F A, Mosa A H, et al. A novel EEG-based emotion recognition approach for e-healthcare applications ［C］//The 31st Annual ACM Symposium on Applied Computing. Vienna：IEEE Press, 2016：946-950.

［15］ Lu Y F, Zheng W L, Li B B, et al. Combining eye movements and EEG to enhance emotion recognition ［C］//International Joint Conference on Artificial Intelligence. Buenos Aires：AAAI Press, 2015：1170-1176.

［16］聂聘，王晓禅，段若男，等．基于脑电的情绪识别研究综述［J］.中国生物医学工程学报，2012，31（4）：595-606.

［17］Sulthan N，Mohan N，Khan K A，et al. Emotion recognition using brain signals［C］// International Conference on Intelligent Circuits and Systems. Phagwara：IEEE Press，2018：315-319.

［18］Li C，Tao W，Cheng J，et al. Robust multichannel EEG compressed sensing in the presence of mixed noise［J］.IEEE Sensors Journal，2019，19（22）：10574-10583.

［19］Gershun A. The light field［J］. Journal of Mathematics and Physics，1939，18（1/2/3/4）：51-151.

［20］宁琪琦．基于 EPI 的光场深度估计方法研究［D］.大连：大连理工大学，2019.

［21］曹甜．基于 EPI 的光场图像特征检测与匹配算法研究［D］.西安：西安理工大学，2021.

［22］李坤袁．基于自监督学习的光场 EPI 图像深度估计［D］.合肥：合肥工业大学，2021.

［23］Stewart J，Yu J，Gortler S，et al. A new reconstruction filter for undersampled light fields ［C］//ACM International Conference Proceeding Series. Eurographics Association/Association for Computing Machinery，2003.

［24］Zhao S，Kang F，Li J，et al. Structural health monitoring and inspection of dams based on UAV photogrammetry with image 3D reconstruction［J］. Automation in Construction，2021，130：103832.

［25］Roberts R，Inzerillo L，Di Mino G. Exploiting low-cost 3D imagery for the purposes of detecting and analyzing pavement distresses［J］. Infrastructures，2020，5（1）：16-40.

［26］Martin P G，Connor D T，Estrada N，et al. Radiological identification of near-surface mineralogical deposits using low-altitude unmanned aerial vehicle［J］. Remote Sensing，2020，12（21）：3562-3578.

［27］Quesada-Román A，Ballesteros-Cánovas J A，Granados-Bolaños S，et al. Dendrogeomorphic reconstruction of floods in a dynamic tropical river［J］. Geomorphology，2020，359：107133.

［28］Madhuanand L，Nex F，Yang M Y. Self-supervised monocular depth estimation from oblique UAV videos［J］. ISPRS Journal of Photogrammetry and Remote Sensing，2021，176：1-14.

［29］Kurmi I，Schedl D C，Bimber O. Airborne optical sectioning［J］. Journal of Imaging，2018，4（8）：102-113.

［30］Zhang J，Zhang J，Mao S，et al. GigaMVS：A benchmark for ultra-large-scale gigapixel-level 3D reconstruction［J］. IEEE Transactions on Pattern Analysis and Machine Intelligence，2021，44（11）：7534-7550.

［31］Xu Z，Deng D，Shimada K. Autonomous UAV exploration of dynamic environments via incremental sampling and probabilistic roadmap［J］. IEEE Robotics and Automation Letters，2021，6（2）：2729-2736.

［32］Rohr D，Stastny T，Verling S，et al. Attitude and cruise control of a VTOL tiltwing UAV［J］. IEEE Robotics and Automation Letters，2019，4（3）：2683-2690.

［33］Aggarwal S，Kumar N. Path planning techniques for unmanned aerial vehicles：A review， solutions, and challenges [J]. Computer Communications, 2020, 149: 270-299.

[34] 李保胜, 李士心, 刘晓倩, 等. 三维环境下无人机路径规划算法研究综述 [J]. 计算机科学与应用, 2022, 12: 1363.

[35] 马云红, 张恒, 齐乐融, 等. 基于改进 A* 算法的三维无人机路径规划 [J]. 电光与控制, 2019, 26 (10): 22-25.

[36] 谌海云, 陈华胄, 刘强. 基于改进人工势场法的多无人机三维编队路径规划 [J]. 系统仿真学报, 2020, 32 (3): 414-420.

[37] Zhang R, Wang L, Cheng S, et al. MLP-based classification of COVID-19 and skin diseases [J]. Expert Systems with Applications, 2023, 228: 120389.

[38] Yin Y, Jang-Jaccard J, Sabrina F, et al. Improving multilayer-perceptron (MLP) -based network anomaly detection with birch clustering on CICIDS-2017 dataset [C]//2023 26th International Conference on Computer Supported Cooperative Work in design (CSCWD). IEEE, 2023: 423-431.

[39] Le Cun Y, Bottou L, Bengio Y, et al. Gradient-based learning applied to document recognition [J]. Proceedings of the IEEE, 1998, 86 (11): 2278-2324.

[40] He K, Zhang X, Ren S, et al. Deep residual learning for image recognition [C]//Proceedings of the IEEE Conference on Computer Vision and Pattern Recognition, 2016: 770-778.

[41] Mnih V, Heess N, Kavukcuoglu K, et al. Recurrent models of visual attention [J]. NIPS, 2014, 45 (13): 2204-2212.

[42] Ito K, Xiong K. Gaussian filters for nonlinear filtering problems [J]. IEEE Transactions on Automatic Control, 2000, 45 (5): 910-927.

[43] Pizer S M, Amburn E P, Austin J D, et al. Adaptive histogram equalization and its variations [J]. Computer Vision, Graphics, and Image Processing, 1987, 39 (3): 355-368.

[44] Cheng Q, Shan H G, Zhuang W H, et al Design and analysis of MEC- and proactive caching-based 360 degrees mobile VR video streaming [J]. IEEE Transactions on Multimedia, 2022, 24: 1529-1544.

[45] Sergii Lysenko, Artem Kachur. Challenges towards VR technology: VR architecture optimization [C]//2023 13th International Conference on Dependable Systems, Services and Technologies (DESSERT), 2023.

[46] 郑成渝, 夏靖雯, 陈路遥, 等. 基于多 MEC 协作的移动 VR 视频缓存和传输网络架构 [J]. 电子科技大学学报, 2023, 52 (5): 765-772.

[47] Liu X N, Deng Y S. Learning-based prediction, rendering and association optimization for MEC-enabled wireless virtual reality (VR) networks [J]. IEEE Transactions on Wireless Communications, 2021, 20 (10): 6356-6370.

[48] Deng R. QoE optimized adaptive streaming method for 360° virtual reality videos over MEC-assisted network [J]. Multimedia Tools and Applications, 2024, 83 (17): 52737-52761.

[49] Joshua Ratcliff, Alexey Supikov, Santiago Alfaro, et al. ThinVR: Heterogeneous microlens arrays for compact, 180 degree FOV VR near-eye displays [J]. IEEE Transactions on Visualization and Computer Graphics, 2020, 26 (5): 1981-1990.

［50］ Zheng C Y, Yin J Y, Wei F Z, et al. STC: FoV tracking enabled high-quality 16 K VR video streaming on mobile platforms. ［J］. IEEE Transactions on Circuits & Systems for Video Technology, 2022, 71 (5): 2396-2410.

［51］ Dong P P, Shen R C, Xie X W, et al. Predicting long-term field of view in 360-degree video streaming ［J］. IEEE Network: The Magazine of Global Internetworking, 2023, 37 (3): 26-33.

［52］ Li S A, She C Y, Li Y H, et al. Constrained deep reinforcement learning for low-latency wireless VR video streaming ［C］//2021 IEEE Global Communications Conference (GLOBECOM), 2021.

［53］ Zhang Z H, Du H D, Huang S Q, et al. VR former: 360-degree video streaming with FoV combined prediction and super resolution ［C］//2022 IEEE Intl Conf on Parallel & Distributed Processing with Applications, Big Data & Cloud Computing, Sustainable Computing & Communications, Social Computing & Networking (ISPA/BDCloud/SocialCom/SustainCom), 2022.

［54］ Xu M, Song Y H, Wang J Y, et al. Predicting head movement in panoramic video: A deep reinforcement learning approach. ［J］. IEEE Transactions on Pattern Analysis and Machine Intelligence, 2019, 41 (11): 2693-2708.

［55］ Kuiri Anjana, Das Barun, Mahato Sanat Kumar. An optimization of solid transportation problem with stochastic demand by Lagrangian function and KKT conditions. ［J］. RAIRO Oper. Res., 2021, 55: S2969-S2982.

［56］ Chen J H Y, Mehmood R M. A critical review on state-of-the-art EEG-based emotion datasets ［C］//International Conference on Advanced Information Science and System, 2019: 233-242.

［57］ Richard SJ Frackowiak. Human brain function ［M］. Elsevier, 2004.

［58］ David A Sousa. How the brain learns ［M］. Corwin Press, 2016.

［59］ Kyanamire M, Yang M L. A review of emotion recognition using EEG data and machine learning techniques ［J］. Innovative Systems Design and Engineering, 2020, 11 (4): 22-27.

［60］ Deon Garrett, David A Peterson, Charles W Anderson, et al. Comparison of linear, nonlinear, and feature selection methods for EEG signal classification ［J］. IEEE Transactions on Neural Systems and Rehabilitation Engineering, 2003, 11 (2): 141-144.

［61］ 李文强. 基于 EEG 的情感识别研究 ［D］. 哈尔滨: 哈尔滨理工大学, 2020.

［62］ 邱金平. 基于 GoogLeNet 的脑电情绪识别研究 ［D］. 长春: 长春大学, 2021.

［63］ Eo A, Lfr A, Gg B, et al. Development of computational models of emotions: a software engineering perspective ［J］. Cognitive Systems Research, 2020, 60: 1-19.

［64］ Sarno R, Munawar M N, Nugraha B T. Real-time electroencephalography-based emotion recognition system ［J］. International Review on Computers & Software, 2016, 11 (5): 456-465.

［65］ Nattapong Thammasan, Koichi Moriyama, Ken-ichi Fukui, et al. Familiarity effects in EEG-based emotion recognition ［J］ J. Brain Informatics, 2017, 4 (1): 39-50.

［66］ Zhuang N, Ying Z, Tong L, et al. Emotion recognition from EEG signals using multidimensional information in EMD domain ［J］. BioMed Research International, 2017:

2017: 1-9.

[67] Jasper H. Report of the committee on methods of clinical examination in electrocnccphalography [J]. Electroencephalogr Clin Neurophysiol, 1958, 10: 370-375.

[68] Cheng J, Chen M, Li C, et al. Emotion recognition from multi-channel eeg via deep forest [J]. IEEE Journal of Biomedical and Health Informatics, 2020, 25 (2): 453-464.

[69] Stein N L, Oatley K. Basic emotions: Theory and measurement [J]. Cognition & Emotion, 1992, 6 (3/4): 161-168.

[70] Cabanac M. What is emotion? [J]. Behavioural Processes, 2002, 60 (2): 69-83.

[71] Behm D G, Whittle J, Button D, et al. Intermuscle differences in activation [J]. Muscle & Nerve, 2002, 25 (2): 236-243.

[72] Ekman P, Friesen W V, O′sullivan M, et al. Universals and cultural differences in the judgments of facial expressions of emotion [J]. Journal of Personality and Social Psychology, 1987, 53 (4): 712-717.

[73] Plutchik R. The nature of emotions: human emotions have deep evolutionary roots, a fact that may explain their complexity and provide tools for clinical practice [J]. American Scientist, 2001, 89 (4): 344-350.

[74] Russell J A. A circumplex model of affect [J]. Journal of Personality and Social Psychology, 1980, 39 (6): 1161-1178.

[75] Lang P J, Bradley M M, Cuthbert B N. Emotion, attention, and the startle reflex [J]. Psychological Review, 1990, 97 (3): 377.

[76] Koelstra S, Muhl C, Soleymani M, et al. DEAP: A database for emotion analysis using physiological signals [J]. IEEE Transactions on Affective Computing, 2012, 3 (1): 18-31.

[77] Zhang L, Yang F, Zhou W, et al. Pitch angle control of UAV based on L 1 adaptive control law [C]//2020 35th Youth Academic Annual Conference of Chinese Association of Automation (YAC). IEEE, 2020: 68-72.

[78] Levoy M, Hanrahan P. Light field rendering [C]//Proceedings of the 23rd Annual Conference on Computer Graphics and Interactive Techniques, 1996: 31-42.

[79] Chen C, Schonfeld D. Geometrical plenoptic sampling [C]//2009 16th IEEE International Conference on Image Processing (ICIP). IEEE, 2009: 3769-3772.

[80] Do M N, Marchand-Maillet D, Vetterli M. On the bandwidth of the plenoptic function [J]. IEEE Transactions on Image Processing, 2011, 21 (2): 708-717.

[81] Zhu C, Zhang H, Liu Q, et al. A signal-processing framework for occlusion of 3D scene to improve the rendering quality of views [J]. IEEE Transactions on Image Processing, 2020, 29: 8944-8959.

[82] Buehler C, Bosse M, Mcmillan L, et al. Unstructured lumigraph rendering [C]//SIGGRAPH Conference on Computer Graphics. ACM, 2001.

[83] 王逸尘. 面向空中光场的无人机航拍采样方法研究 [D]. 赣州: 江西理工大学, 2023.

[84] Chai J X, Tong X, Chan S C, et al. Plenoptic sampling [C]//Proceedings of the 27th Annual Conference on Computer Graphics and Interactive Techniques, 2000: 307-318.

[85] Ramamoorthi R, Koudelka M, Belhumeur P. A fourier theory for cast shadows [J]. IEEE Transactions on Pattern Analysis and Machine Intelligence, 2005, 27 (2): 288-295.

[86] Oppenheim A V, Willsky A S, Nawab S H. Signals & systems [M]. 2nd Prentice Hall, 1996.

[87] Shannon C E. Communication in the presence of noise [J]. Proceedings of the IRE, 1949, 37 (1): 10-21.

[88] 程佩青. 数字信号处理教程 [M]. 北京: 清华大学出版社, 2001.

[89] Raj S, Lowney M, Shah R, et al. Stanford lytro light field archive. (2016). http://lightfields.stanford.edu/LF2016.html.

[90] Honauer K, Johannsen O, Kondermann D, et al. A dataset and evaluation methodology for depth estimation on 4D light fields [C]//Computer Vision-ACCV 2016: 13th Asian Conference on Computer Vision, Taipei, Taiwan, November 20-24, 2016, Revised Selected Papers, Part Ⅲ 13. Springer International Publishing, 2017: 19-34.

[91] Wanner S, Meister S, Goldluecke B. Datasets and benchmarks for densely sampled 4D light fields [C]//VMV. 2013, 13: 225-226.

[92] Ching Ling Fan, Wen-Chih Lo, Yu-Tung Pai, et al. A survey on 360° video streaming: Acquisition, transmission, and display [J]. ACM Computing Surveys, 2019, 52 (4): 1-36.

[93] Prerna Sharma, Prasath Kumar V R. Amelioration of sandwich panels by replacing polyurethane foam with coconut husk and study on computational prediction using ANN and LR [J]. Innovative Infrastructure Solutions, 2023, 8 (12): 331.

[94] Joris Heyse, Maria Torres Vega, Femke De Backere, et al. Contextual bandit learning-based viewport prediction for 360 video [C]//2019 IEEE Conference on Virtual Reality and 3D User Interfaces (VR), 2019.

[95] Wen-Chih Lo, Chih-Yuan Huang, Cheng-Hsin Hsu. Edge-assisted rendering of 360° videos streamed to head-mounted virtual reality [C]//2018 IEEE International Symposium on Multimedia (ISM), 2018.

[96] Hou X S, Sujit Dey, Zhang J Z, et al. Predictive adaptive streaming to enable mobile 360-degree and VR experiences [J]. IEEE Transactions on Multimedia, 2021, 23: 716-731.

[97] Ching-Ling Fan, Shou-Cheng Yen, Chun-Ying Huang, et al. Optimizing fixation prediction using recurrent neural networks for 360-degree video streaming in head-mounted virtual reality [J]. IEEE Transactions on Multimedia, 2020, 22 (3): 744-759.

[98] Hou X S, Zhang J Z, Madhukar B, et al. Head and body motion prediction to enable mobile VR experiences with low latency [C]//2019 IEEE Global Communications Conference (GLOBECOM), 2019.

[99] Perfecto C, Elbamby M S, Ser J D, et al. Taming the latency in multi-user VR 360°: A QoE-aware deep learning-aided multicast framework. [J]. IEEE Transactions on Communications, 2020, 68 (4): 2491-2508.

[100] Wen-Chih Lo, Ching-Ling Fan, Jean Lee, et al. 360° video viewing dataset in head-mounted virtual reality [C]//MMSys'17: Proceedings of the 8th ACM on Multimedia Systems Conference, 2017.

［101］ Soleymani M, Asghariesfeden S, Pantic M, et al. Continuous emotion detection using EEG signals and facial expressions ［C］//IEEE International Conference on Mult Imedia and Expo. IEEE Computer Society, 2013: 1-6.

［102］ Electroenceph alography: basic principles, clinical applications, and related fields ［M］. Lippincott Williams & Wilkins, 2005.

［103］ Whitten T A, Hughes A M, Dickson C T, et al. A better oscillat ion detection method robustly extracts EEG rhythms across brain state changes: the human alpha rhythm as atest case ［J］. Neuroimage, 2011, 54 (2): 860-874.

［104］ 王旭, 梁晓东, 聂奎营. 级联 MZI 带通巴特沃斯微波光子滤波器的设计 ［J］. 光通信研究, 2012 (5): 46-49.

［105］ Sarma, Parthana, et Shovan Barma. Emotion recognition by distin guishing appropriate EEG segments based on random matrix theory ［J］. Biomedical Signal Processing and Control, 2021, 70: 102991-103003.

［106］ Topic A, Russo M. Emotion Recognition Based on EEG Feature Maps through Deep Learning Network ［J］. Engineering Science and Technology, an International Journal, 2021, 24 (6): 1442-1454.

［107］ 冯志伟, 丁晓梅. 自然语言处理中的神经网络模型 ［J］. 当代外语研究, 2022, 460 (4): 98-110, 153, 161.

［108］ Bengio Y, Simard P, Frasconi P. Learning long-term dependencies with gradient descent is difficult ［J］. IEEE Transactions on Neural Networks, 1994, 5 (2): 157-166.

［109］ Caruana R. Multitask Learning ［J］. Autonomous Agents and Multi-Agent Systems, 1998, 27 (1): 95-133.

［110］ Caruana R. Multitask Learning ［J］. Machine Learning, 1997, 28 (1): 41-75.

［111］ Chung S Y, Yoon H J. Affective classification using Bayesian classifier and supervised learning ［C］//Proceedings of 2012 12th International Conference on Control, Automation and Systems. Je Ju Island, South Korea: IEEE, 2012: 1768-1771.

［112］ Xing X F, Li Z Q, Xu T Y, et al. SAE+LSTM: A new framework for emotion recognition from multi-channel EEG ［J］. Frontiers in Neurorobotics, 2019, 13: 1-14, 37.

［113］ Salama E S, Elkhoribi R A, Shoman M, et al. EEG-based emotion recognition using 3D convolutional neural networks ［J］. International Journal of Advanced Computer Science and Applications, 2018, 9 (8): 329-337.

［114］ An Y, Hu S, Duan X, et al. Electroencephalogram emotion recognition based on 3D feature fusion and convolutional autoencoder ［J］. Frontiers in Computational Neuroscience, 2021, 15: 743426-743438.

［115］ 蔡冬丽, 钟清华, 朱永升, 等. 基于混合神经网络的脑电情感识别 ［J］. 华南师范大学学报 (自然科学版), 2021, 53 (1): 109-118.

［116］ Rudakov E, et al. Multi-Task CNN model for emotion recognition from EEG Brain maps ［C］// 2021 4th International Conference on Bio-Engineering for Smart Technologies (BioSMART), 2021: 1-4.

［117］ Tagliasacchi A, Mildenhall B. Volume rendering digest (for NeRF) ［J］. Technical Report, 2022, 2209: 02417.

［118］ Mildenhall B, Srinivasan P, Tancik M, et al. Nerf: representing scenes as neural radiance fields for view synthesis ［J］. Communications of the ACM, 2021, 65 (1): 99-106.

［119］ Xu L, Xiangli Y, Peng S, et al. Grid-guided neural radiance fields for large urban scenes ［C］//Proceedings of the IEEE/CVF Conference on Computer Vision and Pattern Recognition, 2023: 8296-8306.

［120］ Chen W, Zhu C. Spectral analysis of a surface occlusion model for image-based rendering sampling ［J］. Digital Signal Processing, 2022, 130: 103697.

［121］ Mildenhall B, Srinivasan P P, Ortiz-Cayon R, et al. Local light field fusion: practical view synthesis with prescriptive sampling guidelines (article) ［J］. ACM Transactions on Graphics, 2019, 38 (4): 1-14.